Faser-Bragg-Gitter für die Frequenzstabilisierung multimodiger Hochleistungslaserdioden und -faserlaser

Fiber Bragg Gratings for the Frequency Stabilization of High-Power Laser Diodes and Fiber Lasers

Von der Fakultät für Maschinenwesen
der Rheinisch-Westfälischen Technischen Hochschule Aachen
zur Erlangung des akademischen Grades einer
Doktorin der Naturwissenschaften
genehmigte Dissertation

vorgelegt von

Sarah Klein

AF645786

Berichter/in:

Univ.-Prof. Dr. rer. nat Peter Loosen
Univ.-Prof. Dr.-Ing. Robert Heinrich Schmitt

Tag der mündlichen Prüfung: 25. April 2023

Diese Dissertation ist auf den Internetseiten der Universitätsbibliothek online verfügbar.

ERGEBNISSE AUS DER LASERTECHNIK

Sarah Klein

Faser-Bragg-Gitter für die Frequenzstabilisierung multimodiger Hochleistungslaserdioden und -faserlaser

Bibliografische Information der Deutschen Nationalbibliothek
Die Deutsche Nationalbibliothek verzeichnet diese Publikation in der Deutschen Nationalbibliografie; detaillierte bibliografische Daten sind im Internet über https://portal.dnb.de abrufbar.

Sarah Klein:

Faser-Bragg-Gitter für die Frequenzstabilisierung multimodiger Hochleistungslaserdioden und -faserlaser

1. Auflage, 2023

Gedruckt auf holz- und säurefreiem Papier, 100% chlorfrei gebleicht.

Copyright Apprimus Verlag, Aachen, 2023
Wissenschaftsverlag des Instituts für Industriekommunikation und Fachmedien an der RWTH Aachen
Steinbachstr. 25, 52074 Aachen
Internet: www.apprimus-verlag.de, E-Mail: info@apprimus-verlag.de

Alle Rechte, auch das des auszugsweisen Nachdruckes, der auszugsweisen oder vollständigen Wiedergabe, der Speicherung in Datenverarbeitungsanlagen und der Übersetzung, vorbehalten.

Druck: CPI Druckdienstleistungen GmbH, Ferdinand-Jühlke-Straße 7 I 99095 Erfurt

ISBN 978-3-98555-183-5

D 82 (Diss. RWTH Aachen University, 2023)

Vorwort

Die vorliegende Dissertation entstand im Rahmen meiner Tätigkeit als wissenschaftliche Mitarbeiterin in der Abteilung *Laser und Optische Systeme* am Fraunhofer-Institut für Lasertechnik ILT in Aachen.

An dieser Stelle möchte ich mich zunächst bei Herrn Prof. Dr. rer. nat. Peter Loosen für die Betreuung und das mir entgegengebrachte Vetrauen in meine Forschungstätigkeiten bedanken. Ebenso danke ich Herrn Prof. Dr.-Ing. Robert Heinrich Schmitt für die Übernahme des Koreferats, sowie Herrn Prof. Dr.-Ing Dirk Abel für die Übernahme des Prüfungsvorsitz.

Ein wesentlicher Teil der Untersuchen wurde im Rahmen des Projektes *Ekolas* durchgeführt, welches durch das Bundesministerium für Bildung und Forschung (BMBF) gefördert wurde. Mein Dank gilt neben dem Fördergeben auch allen Projektpartnern aus dem Konsortium.

Meinen besonderen Dank möchte ich an dieser Stelle Herr Dr.-Ing. Martin Traub, Leiter der Gruppe *Optikdesign und Diodenlaser*, aussprechen. Lieber Martin, ich danke dir für die unzähligen spannenden Gespräche und interessanten Diskussionen über Optik und Diodenlaser. Deine stets motivierende Worte haben wesentlich zu meinem Vorankommen bei der Promotion beigetragen.

Ebenso möchte ich mich bei allen Kollegen und Kolleginnen für die vielen konstruktiven Gespräche, den wissenschaftlichen Austausch und das ausgezeichnete Arbeitsklima bedanken. Die zahlreichen Gespräche mit euch haben mich stets in meinem Promotionsvorhaben motiviert. Besonderer Dank gilt hier Herr Hans-Dieter Hoffmann, Leiter der Abteilung *Laser und Optische Systeme*. Deine Geradlinigkeit und Offenheit trägt wesentlich zu unserem einzigartigen professionellen und gleichzeitig freundschaftlichen Arbeitsumfeld bei. Vielen Dank für dein mir entgegengebrachtes Vertrauen in meine Arbeit. Auch meinen ehemaligen Kollegen Dr.-Ing. Stefan Hengesbach und Gerd Kochem möchte ich danken, ebenso wie Herr Marius Raguse, der maßgeblich bei der Durchführung einiger in dieser Arbeit durchgeführten Untersuchungen beteiligt war.

Großer Dank gilt auch meiner Familie und meinen Freunden, die mich stets auf meinem Weg unterstützt haben. Franz, ich danke dir, dass du vor vielen Jahren mein Interesse zur Physik und Mathematik geweckt hast. Liebe Helga, lieber Michael, von Herzen vielen Dank, dass ihr mich bei jedem meiner Schritte bedingungslos unterstützt und immer für mich da seid. Zuletzt gilt mein Dank meinem Partner: Tobias, ich danke dir für deine unermüdliche Geduld mit mir und für die vielen aufmunternden Worte, die gegenseitige Motivation und all unsere gemeinsamen Diss-Sonntage. Ich liebe Dich.

Abstract

Fiber Bragg gratings (FBG) act as fiber-integrated, wavelength-selective mirrors and consist of a periodic modulation of the refractive index of an optical fiber core along the propagation direction of the guided radiation. They are commercially available for monomode fibers and are used, for example, as temperature sensors or for frequency stabilization of laser diodes. Written into active fibers, they serve as end mirrors of the fiber laser resonator. Compared to conventional dichroic resonator mirrors, FBG simplify the resonator design because they are fiber-integrated. The elimination of the additional, external elements reduces the alignment effort and increases the mechanical robustness of the system. FBG for multimode fibers with larger core diameters are the subject of current research. This work presents a new writing method for FBG in multimode fiber cores and the investigation of their applications as resonator mirrors for fiber lasers and for frequency stabilization of fiber-coupled multimode diode laser modules.

The writing method is based on a state-of-the-art writing technique in which the refractive index modifications are induced via ultra-short pulsed laser radiation. To address large fiber core cross sections up to 125 µm, the writing method is extended to include linear and rotationally symmetric scanning techniques. By systematically changing the writinting laser process parameter and analysizing the resulting FBG, it was shown, among other things, that the reflectivity scales with FBG diameter, grating plane homogeneity, and laser pulse energy. Using the developed writing method, FBG with reflectivity up to 0.2 were reproducibly written into multimode passive fiber cores with 125 µm diameters.

To investigate the impact of the spectral feedback of FBG on the spectral emission characteristics of laser diodes, they are used for frequency stabilization of fiber coupled, single-emitter laser diode modules. Here, the stabilization wavelength was set to 976 nm $\pm$1 nm in accordance to the Bragg wavelength of the FBG. Compared to operation without FBG, the spectral full width at half maximum (FWHM) is reduced by a factor of about 4 from typically 4,6 nm to 1,1 nm and the thermal drift decreases by a factor of 5.5 from 1,1 nm/W to 0,2 nm/W. The optical power available at the fiber output typically decreases by the amount of the FBG reflectivity. In addition, FBGs have been shown to be suitable for frequency stabilization of fiber-coupled, multi-emitter modules.

In active high-mode fiber cores, the written FBG acts as fiber-integrated resonator mirrors. Its use as low-reflectivity output couplers of fiber laser resonators was demosntrated up to the optical output power of more than 8 kW. Compared to a fiber laser setup with broadband coated, dichroic mirror as the outcoupling element, the spectral half-width decreases from above 7 nm to below 1 nm with the center wavelength at the Bragg wavelength of the FBG. Finally, the developed writing method was used to realize a fully fiber-integrated fiber resonator, in which the highly reflective end mirror is also realized via an FBG with a reflectivity increased to above 70%. In terms of absorbed pump power, the resonator efficiency is 0,53.

Zusammenfassung

Faser-Bragg-Gitter (FBG) bestehen aus einer periodischen Modulation des Brechungsindex des Faserkerns entlang der Propagationsrichtung der geführten Strahlung und fungieren als faserintegrierte, wellenlängenselektive Spiegel. Für monomodige Fasern sind sie kommerziell verfügbar und werden bspw. als Temperatursensoren oder für die Frequenzstabilisierung von Laserdioden eingesetzt. In aktive Fasern geschrieben dienen sie als Endspiegel des Faserlaserresonators. Verglichen mit konventionellen, dichroitischen Resonatorendspiegeln vereinfachen FBG den Resonatoraufbau, da sie faserintegriert sind. Durch den Wegfall der zusätzlichen, externen Elemente wird der Justageaufwand reduziert und die mechanische Robustheit des Systems steigt. FBG für hochmodige Fasern sind Gegenstand der aktuellen Forschung. In dieser Arbeit wird ein Schreibverfahren für FBG in hochmodigen Faserkernen erarbeitet und die Anwendungsmöglichkeiten als Resonatorendspiegel für Faserlaser sowie für die Frequenzstabilisierung von fasergekoppelten, hochmodigen Laserdiodenmodulen untersucht.

Das Schreibverfahren basiert auf einem aus dem Stand der Technik bekannten Verfahren, in dem die Brechungsindexmodifikationen über ultra-kurz gepulste Laserstrahlung induziert werden. Um große Faserkernquerschnitte bis 125 µm zu adressieren, wird das Schreibverfahren um lineare und rotationssymmetrische Scan-Verfahren erweitert. Bei der Untersuchung der Auswirkungen der verwendeten Schreibprozessparameter auf die erzielte FBG-Reflektivität wurde u.a. gezeigt, dass die Reflektivität mit dem FBG-Durchmesser, der Gitterebenenhomogenität und der Laserpulsenergie skaliert. Mit dem entwickelten Schreibverfahren wurden reproduzierbar FBG mit einer Reflektivität bis zu 0,2 in hochmodige, passive Faserkerne mit 125 µm Durchmesser geschrieben.

Zur Untersuchung der Rückkopplungseigenschaften des FBG auf die spektrale Emissionseigenschaften von Laserdioden wurden die geschriebenen FBG zur Frequenzstabilisierung in die passive Transportfaser von fasergekoppelten Einzelemittermodulen geschrieben. Hierbei wurde die Stabilisierungswellenlänge entsprechend der Bragg-Wellenlänge des FBG auf 976 nm ±1 nm eingestellt. Im Vergleich zum Betrieb ohne FBG ist die spektrale Halbwertsbreite um etwa den Faktor 4 von typischerweise 4,6 nm auf 1,1 nm reduziert und die thermische Drift sinkt um den Faktor 5,5 von 1,1 nm/W auf 0,2 nm/W. Die am Faserausgang zur Verfügung stehende optische Ausgangsleistung sinkt typischerweise um den Betrag der FBG-Reflektivität. Zusätzlich wurde gezeigt, dass FBG für die Frequenzstabilisierung von fasergekoppelten Multiemittermodulen geeignet sind.

In aktiven, hochmodigen Faserkernen fungieren die geschriebenen FBG als faserintegrierter Resonatorspiegel. Ihr Einsatz als gering-reflektierende Auskoppelspiegel von Faserlaserresonatoren wurde bis zur optischen Ausgangsleistung von über 8 kW erprobt. Im Vergleich zu einem Faserlaseraufbau mit breitbandig beschichtetem, dichroitischem Spiegel als Auskoppelelement, sinkt die spektrale Halbwertsbreite von über 7 nm auf unter 1 nm mit der Zentralwellenlänge bei der Bragg-Wellenlänge des FBG. Schließlich wurde mit dem entwickelten Schreibverfahren ein vollständig faserintegrierter Faserresonator realisiert, bei dem durch die Erhöhung der FBG-Reflektivität auf über 70% auch der hoch-reflektierende Endspiegel über ein FBG realisiert ist. Bezogen auf die absorbierte Pumpleistung beträgt die Resonatoreffizienz 0,53.

Inhaltsverzeichnis

Formelzeichenverzeichnis

Zeichen	Einheit	Bedeutung
α, α_{in}, α_m	-	Winkel, Einfallswinkel, Beugungswinkel der Ordnung m
α_λ	K^{-1}	thermischer Ausdehnungskoeffizient eines Mediums
α_{n}	K^{-1}	thermische Änderung des Brechungsindex eines Mediums
β	-	Propagationskonstante einer in einer Faser propagierenden Mode
γ_K	-	Keldysh-Parameter
$\overline{\delta n}$	-	räumlich gemittelte Brechungsindexänderung
δ	m^{-1}	Detuning-Faktor bei FBG
δn_{eff}	-	Brechungsindexänderung des effektiven Brechungsindex eines Faserkerns
δn_{co}	-	Brechungsindexänderung eines Faserkerns
$\Delta\epsilon$	$As(Vm)^{-1}$	durch ein Fasergitter induzierte Änderung der Permittivität
$\Delta\lambda$	m	Wellenlängenänderung
Δn	-	Amplitude der Brechungsindexänderung, Brechungsindexhub
Δs	m	Order-Walk-Off, Gangunterschied der 0. und ±1. Beugungsordnung bei Beugung durch Transmissionsgitter
ΔT	K	Temperaturänderung
$\Delta\Theta$	deg	Winkeländerung
ϵ	m	Dehungskoeffizienz
κ	m^{-1}	Kopplungskoeffizient
λ, λ_{Laser}	m	Wellenlänge, Laserwellenlänge
λ_{Bragg}, λ_{B}	m	Bragg-Wellenlänge
$\Lambda, \Lambda_{\text{FBG}}, \Lambda_{\text{PM}}$	m	Gitterwellenlänge, FBG-Gitterperiode, Phasenmaskengitterperiode
$\Lambda_{\text{B}m}$	m	Bragg-Wellenlänge der Ordnung m
p_e	m^{-1}	photoelastischer Koeffizient
$\hat{\sigma}$	-	Selbstkopplungskonstante
ρ	-	Reflexionskoeffizient
τ	s	(Laser)Pulsdauer
Θ_1, θ_2	rad	Ein- bzw. Ausfallswinkel von Strahlung, die auf ein Gitter trifft
a, a_{max}	m	Abstand, bspw. von Faser zu Phasenmaske, maximaler Abstand
b	-	Effektiver Index-Parameter einer Faser
c	m/s	Lichtgeschwindigkeit
C_r	nm/cm	Chirpfaktor eines Gitters, bspw. einer Phasenmaske oder eines FBG. Änderung der Wellenlänge $\Delta\lambda$ typischerweise in nm über die Gitterlänge l in cm
d	m	allgemein Abstand, auch Abstand von Gitterebenen

Zeichen	Einheit	Bedeutung
E, E_P	J	(Laser)Pulsenergie
E_γ	eV	Photonenenergie
E_Gap	eV	Energie einer Bandlücke zwischen Valenz- und Leitungsband
$\vec{E}_t$	Vm^{-1}	transversale Komponente eines elektrischen Feldes
f	m	Brennweite einer optischen Linse oder eines optischen Systems
f_rep	Hz	Repetitionsrate von bspw. Laserpulsen
h	eVs	Plancksches Wirkungsquantum
I	A	Stromstärke
$I(x, y)$	Wm^{-2}	räumliche Intensitätverteilung in kartesischen Koordinaten
$I(r, z)$	Wm^{-2}	Intensität an der radialen Position r und der Propagationsstelle z
I_0	Wm^{-2}	Intensität bei $r = 0$ und $z = 0$
$\vec{k}$	m^{-1}	Wellenvektor
$\vec{K}$	m^{-1}	Gittervektor
l	m	Gitterlänge
L	m	Allgemein Länge, bspw. Länge eines FBG
L_K	m	Kohärenzlänge eines Laserstrahls
LP_{lm}	-	linear polarisierte Fasermoden der Azimuthal-Ordnung l und des Moden-Index m
m	-	Beugungsordnung
M^2	-	Beugungsmaßzahl eines Laserstrahls zur Charakterisierung der Strahlqualität
n, n_0	-	Brechungsindex eines Mediums
$n_\mathrm{co}, n_\mathrm{core}$	-	Brechungsindex eines Faserkerns
$n_\mathrm{cl}, n_\mathrm{clad}$	-	Brechungsindex eines Fasermantels
n_eff	-	effektiver Brechungsindex eines Faserkerns
N	-	allgemeine Anzahl, bspw. Anzahl von Photonen oder Gitterebenen
NA	-	Numerische Apertur einer Faser oder eines fokussierten Laserstrahls
P, P_opt, P_Pump, P_absorb	W	Leistung, optische Ausgangsleistung, Pumpleistung, absorbierte (Pump)Leistung
s	-	Modulationskontrast eines FBG
r	m	Radius
R	-	Reflektivität
t_exp	s	Belichtungsdauer
T	-	Transmissivität, Transmission
U	V	elektrische Spannung
v	m/s	Geschwindigkeit
V	-	V-Zahl einer Faser
$w(z)$, $w_\mathrm{x,y}(z)$	m	Laserstrahlradius an der Stelle z, bzw. in x oder y-Richtung an der Stelle z

Zeichen	Einheit	Bedeutung
w_0	m	Laserstrahltaillenradius an der Stelle $z = 0$
w_f	m	Strahltaillenradius eines mit der Brennweite f fokussierten Laserstrahls
z_R	m	Rayleigh-Länge eines Gauß-Strahls

Abkürzungsverzeichnis

Abkürzung	Bedeutung
AR	Antireflex(-Beschichtung)
BS	Beamsplitter, Strahlteiler
CWT	Coupled Wave Theory, Theorie der gekoppelten Wellen
DFB-Laser	Distributed Feedback Laser
FBG	Faser-Bragg-Gitter
FWHM	Full Width at Half Maximum, Halbwertsbreite
HR	Hochreflektierend
IR	Infraroter Spektralbereich (etwa 780 nm- 1 mm)
KOL	Kollimation(slinse)
LR	Low reflective, gering-reflektierend
MM-FBG	Multimodiges FBG Faser-Bragg-Gitter
MPI	Multiphotonenionisation
NIR	Nah-Infraroter Spektralbereich (etwa 780 nm- 3000 nm)
PBS	Polarizing Beam Splitter, Polarisationsstrahlteiler
PKM	Polsarisationskontrastmikroskopie
RCWT	Rigorous Coupled Wave Theory, Rigurose Theorie der gekoppelten Wellen
TE	Transversal elektrisch
TM	Transversal magnetisch
TI	Tunnelionisation
UKP	Ultra-kurz gepulst
UV	Ultraviolett
VBG	Volumen-Bragg-Gitter
VIS	(mit dem menschlichen Auge sichtbarer) Spektralbereich (etwa 380 nm-780 nm)
XLMA	Extra Large Mode Area

1. Einleitung, Motivation und Vorgehensweise

Diodenlaser zeichnen sich durch ihre sehr kompakte Bauform, die hohe elektrooptische Effizienz, hohe Zuverlässigkeit und niedrige Kosten pro Watt Ausgangsleistung aus. Sie sind daher gängige Strahlquellen für Industriedirektanwendungen mit hoher Leistungsanforderung wie bspw. das Löten von Karosserieteilen in der Serienproduktion, das Schweißen dünner Bleche, das Härten sowie Anwendungen in der Medizintechnik [1].
Die geringe spektrale Brillanz von kommerziell verfügbaren Laserdioden im nahen infraroten Emissionsbereich limitiert allerdings die effiziente Leistungsskalierung mittels spektralen Stapelns und daher ihren Einsatz bei Anwendungen, die eine große Leistung bei gleichzeitig geringer spektraler Emissionsbreite erfordern wie u.a. das Laserpumpen von Festkörperlasern [2]. Ein gängiger Ansatz zur Erhöhung der Brillanz durch Reduzierung der spektralen Emissionsbreite ist die sogenannte Frequenzstabilisierung. Mittels eines zusätzlich im Strahlengang platzierten, optischen Elements erfolgt eine spektral schmalbandige Rückkopplung in den Laserdiodenresonator, wodurch die spektrale Emissionsbandbreite um bis zu eine Größenordnung reduziert wird. Typischerweise werden hierzu diffraktive, optische Elemente wie Volumen-Bragg-Gitter (VBG) oder schmalbandig reflektierende Filter genutzt. Die Frequenzstabilisierung ermöglicht somit die effiziente, spektrale Stapelung mehrerer Laserdioden zur Leistungsskalierung.
Faserlaser sind ebenfalls gängige Strahlquellen für viele industrielle Hochleistungsanwendungen. Eingesetzt werden Faserlaser in einem breiten Spektrum an Anwendungen wie bspw. Kommunikation, Lithographie, Mikro- und Makromaterialbearbeitung, Medizintechnik und der additiven Fertigung. Faserlaser zeichnen sich neben einer großen mittleren Ausgangsleistung durch eine große Strahlqualität und einen großen elektro-optischen Wirkungsgrad aus. Weiterhin ist durch das große Oberflächen-Volumen-Verhältnis der Faser eine gute Wärmeableitung gegeben, wodurch der sonst bei Festkörperlasern oft auftretende Effekt der thermischen Linse bei Faserlasern nicht vorkommt [3].
Faser-Bragg-Gitter (FBG) bestehen aus der periodischen Brechungsindexmodulation eines Faserkerns entlang der Propagationsachse der im Kern geführten Strahlung, welche bei Erfüllung der Bragg-Bedingung am Gitter gebeugt wird. Somit fungieren FBG als faserintegrierte, wellenlängenselektive Spiegel. Im Bereich der monomodigen und Wenig-Moden-Fasern werden sie u.a. als optische Sensoren für Temperatur und Dehnung [4], [5] sowie als faserintegrierte Resonatorspiegel zur Frequenzstabilisierung eingesetzt [6]–[8]. Schreibverfahren für FBG, ihre Charakterisierung und theoretische Beschreibung werden seit vielen Jahren erforscht, und der Einsatz von FBG in monomodigen Fasern entspricht dem Stand der Technik [9]–[16].
Mit hochmodigen Faserlasern besteht die Möglichkeit, mit einem einzigen Resona-

tor sehr hohe mittlere Ausgangsleistungen im Multi-Kilowattbereich zu erzielen [17], [18]. Im Vergleich zum klassischen Faserlaserresonatoraufbau mit externen, dichroitischen Spiegeln vereinfacht die Verwendung eines FBG als faserintegrierter Spiegel das Lasersystem und erhöht somit die mechanische Robustheit und Zuverlässigkeit. Für hochmodige Fasern sind FBG allerdings kommerziell nicht verfügbar und Gegenstand der aktuellen Forschung.
Das Gehäuse kommerzieller Laserdiodenmodule für industrielle Anwendungen umfasst typischerweise eine Faserkopplung für die hochmodige Transportfaser der Laserstrahlung zum Werkstück. Durch die bereits vorgesehene, hochmodige Transportfaser am Modulgehäuse können FBG als Frequenzstabilisierungselement eingesetzt werden. Ebenfalls sind solche FBG prinzipiell geeignet, als Resonatorspiegel bei Faserlasern zu fungieren. Die Herausforderung der Erforschung von FBG in hochmodige Fasern besteht darin, dass der Kerndurchmesser bei hochmodigen Fasern um den Faktor zehn bis zwanzig größer ist als bei monomodigen Fasern und daher ein geeignetes Schreibverfahren entwickelt werden muss, damit das geschriebene FBG den Kern vollständig transversal überdeckt. Ferner sind der Vielzahl der in großen Fasern propagierenden Moden jeweils eigene Propagationskonstanten zugeordnet, was dazu führt, dass diese jeweils unterschiedlich stark am Fasergitter reflektiert werden.

Ziel dieser Arbeit ist, Faser-Bragg-Gitter für multimodige Fasern sowohl für die Frequenzstabilisierung von Hochleistungslaserdioden als auch für die Anwendung als gering-reflektierende, faserintegrierte Auskoppelspiegel von Hochleistungsfaserlasern zu entwickeln und so die Defizite im Stand der Technik zu beheben. Die Struktur der Arbeit ist in Abb. 1.1 dargestellt.
Zunächst werden die physikalischen Grundlagen der Funktionsweise und die Erzeugung von FBG in Kap. 3 erarbeitet. Das Grundlagenkapitel ist in drei Teile gegliedert: Zu Beginn werden die theoretischen Grundlagen (Kap. 3.1) zur Berechnung der Rückkoppelwellenlänge, der sog. Bragg-Wellenlänge, und des Reflexionsgrades von Fasergittern hergeleitet. Diese sind relevant im Hinblick auf die Selektion der Wellenlänge der Frequenzstabilisierung von Hochleistungslaserdioden sowie für die Einstellung des Auskoppelgrades bei FBG als Auskoppelspiegel für Hochleistungsfaserlaser. Im zweiten Teil wird die Erzeugung und Klassifizierung von Brechungsindexmodifikationen mittels ultra-kurz gepulster (UKP) Laserstrahlung im Infraroten erarbeitet (Kap. 3.2). Im letzten Teil der physikalischen Grundlagen wird auf Basis einer Gegenüberstellung verschiedener Herstellungsmethoden von FBG das in dieser Arbeit verwendete Verfahren ausgewählt (Kap. 3.3).
Im nächsten Kapitel werden die vorgestellten Grundlagen der FBG, die Erzeugung von Brechungsindexmodifikationen und die bestehenden Herstellungsmethoden von monomodigen FBG zusammengeführt und zur Herstellung von multimodigen Fasergittern erweitert (Kap. 4). Der wesentliche Unterschied zum Stand der Technik besteht darin, dass die dort beschriebenen Herstellungsverfahren auf monomodige Fasern mit Kerndurchmesser <10 µm beschränkt sind und in dieser Forschungsarbeit hochmodige Fasern mit Kerndurchmesser zwischen 65 µm bis 105 µm adressiert werden.
In Kapitel 5 werden die Anwendungen der mittels UKP-Laserstrahlung geschriebenen FBG in hochmodigen Fasern erarbeitet. Entsprechend den beiden Einsatzgebieten Frequenzstabilisierung und Resonatorauskoppelspiegel ist das Kapitel in zwei

Teile gegliedert. Kap. 5.1 umfasst die Frequenzstabilisierung von Hochleistungslaserdioden mittels hochmodiger FBG (auch MM-FBG), demonstriert an einem Einzelemittermodul. Darüber hinaus werden die Auswirkungen untersucht, die die spektral schmalbandige Rückkopplung des FBG auf die optische Ausgangsleistung, spektrale Emissionscharakteristik und Polarisation der Laserdiode haben. Im Kontext einer möglichen industriellen Verwendung der Fasergitter für Hochleistungslaserdiodenmodule wird untersucht, welcher Reflexionsgrad eine zuverlässige Frequenzstabilisierung bei möglichst hoher Transmission und gleichzeitig kurzer Herstellungsdauer erzeugt. Für die Leistungsskalierung des Konzepts wird gezeigt, dass ein einzelnes FBG auch die Frequenzstabilisierung eines fasergekoppelten Multi-Emittermoduls ermöglicht. Im zweiten Teil (Kap. 5.2) wird gezeigt, dass ein FBG im aktiven Faserkern eines Faserlaserresonators als gering-reflektierender Auskoppelspiegel eingesetzt werden kann. Auch hier wird untersucht, welchen Einfluss die spektral schmalbandige Rückkopplung des Fasergitters auf die spektrale Emissionscharakteristik, optische Ausgangsleitung und Strahlqualität des Faserlasers hat. Der Abschluss des Anwendungskapitels besteht in der Demonstration der Funktionsfähigkeit von FBG als gering-reflektierende Auskoppelspiegel eines Multi-Kilowatt-Faserlasers, der im Hinblick auf Ausgangsleistung und Zuverlässigkeit für den Einsatz in der Industrie geeignet ist. In diesem Kapitel wird ein Prototyp eines monolithisch aufgebauten Faserlaserresonators vorgestellt, bei dem sowohl der gering-reflektierende Auskoppelspiegel als auch der hoch-reflektierende Resonatorendspiegel mittels FBG realisiert sind (Kap. 5.2.4).

Insgesamt werden in dieser Arbeit die folgenden drei Forschungsschwerpunkte behandelt:

- Entwicklung eines Herstellungsverfahrens von Fasergittern in passiven und aktiven, hochmodigen Faserkernen (Kerndurchmesser 65 µm bis 105 µm)
- Herstellung von Fasergittern in hochmodigen, passiven Fasern zur Frequenzstabilisierung und Verbesserung der spektralen Brillanz von hochmodigen Laserdioden
- Herstellung von Fasergittern in hochmodigen, aktiven Fasern zum Einsatz als Resonatorauskoppelspiegel von Faserlasern im industriellen Einsatz und zur Verbesserung der spektralen Brillanz, sowie Untersuchung der Auswirkung der FBG auf die optische Ausgangsleistung

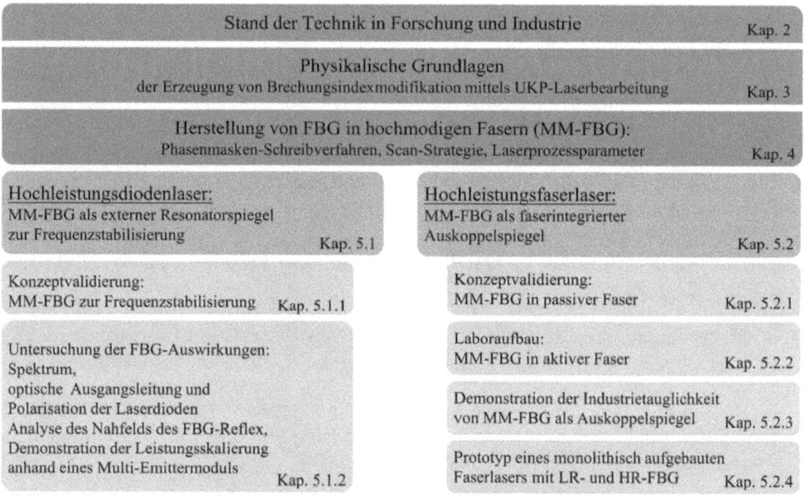

Abbildung 1.1.: Struktur dieser Forschungsarbeit.

2. Stand der Technik in Forschung und Industrie

Die Entstehung der Glasfaseroptik zur Datenübertragung in der Telekommunikation im Jahre 1965 ermöglichte die qualitativ hochwertige und leistungsfähige Datenübertragung auch über hohe Distanzen hinweg [19]. Gegenüber der elektrischen Übertragung besteht der Vorteil insbesondere in der wesentlich größeren maximalen Bandbreite. Zusätzlich ist das geführte Signal unempfindlich gegenüber elektrischen und magnetischen Störfeldern, Sender und Empfänger sind elektrisch vollständig voneinander isoliert, zwischen benachbarten optischen Fasern findet kein Übersprechen statt und das Packmaß ist verglichen mit Kupferleitungen kleiner und leichter [20] (S.141).
Neben der Anwendung in der Telekommunikation werden optische Fasern in der Messtechnik zur direkten Übertragung einer optischen Messgröße eingesetzt. Unterschieden wird zwischen extrinsischen Fasersensoren, bei denen die Glasfaser nur der Überträger der vom Sensor zu erfassenden Messgröße ist, und intrinsischen Fasersensoren, bei denen die Glasfaser direkt als Messaufnehmer dient und somit gleichzeitig als Leitung und Sensor fungiert. Glasfaserpyrometer beispielsweise zählen zu den extrinsischen faseroptischen Sensoren, bei denen die zur berührungslosen Temperaturmessung verwendete und vom Sensor als optisches Signal zur Verfügung gestellte Infrarot-Strahlung über die Faser von schwer zugänglichen Messorten transportiert werden kann. Faseroptische Druck- und Temperatursensoren, Dosimeter zur Detektion von ionisierender Strahlung und Faserkreisel zur Messung von Winkelgeschwindigkeit sind Beispiele für intrinsische Fasersensoren, da hier die optische Faser direkt als Messwertaufnehmer dient [21] (S. 532-536). Beispielsweise führen bei faseroptischen Drucksensoren durch Druck induzierte Biegeverluste direkt zu Transmissionsänderungen der Faser.
Der Effekt der Photosensitivität von Glasfasern und damit die Möglichkeit, direkt und dauerhaft den Brechungsindex des Faserkerns zu modifizieren, wurde 1978 von Ken Hill [22] entdeckt und ist seitdem Gegenstand theoretischer und experimenteller Untersuchungen [9], [10]. Anstelle der Photosensitivität wird heutzutage der Effekt der Multiphotonenabsorption genutzt und so Brechungsindexmodifikationen mittels ultra-kurz gepulster, stark fokussierter Laserstrahlung direkt in undotiertes Quarzglas geschrieben. So lassen sich Wellenleiter in Glasvolumina und faserintegrierte optische Elemente zur Strahlformung in Fasern erzeugen, ebenso Faser-Bragg-Gitter (FBG), die als faserintegrierte wellenlängenselektive Spiegel fungieren [23]–[25].

Faser-Bragg-Gitter sind optische Interferenzfilter und bestehen aus einer periodischen Modulation des Brechungsindex im Faserkern entlang der Propagationsrichtung des geführten Lichts.
Entspricht die Wellenlänge des geführten Lichts der doppelten Gitterperiode im Me-

dium, ist die sogenannte Bragg-Bedingung erfüllt und das Licht wird am Gitter reflektiert (Abb. 2.1) [26]. Die Höhe des Reflexionskoeffizienten hängt dabei u.a. von der Länge des Gitters und dem eingeschriebenen Brechungsindexhub ab, der typischerweise im Bereich von 10^{-5} bis 10^{-3} liegt [9]. Die transversalen und longitudinalen Eigenschaften des Gitters variieren je nach Applikation. Während beispielsweise für einfache Temperatur- und Dehnungsmessungen eine konstante Gitterperiode ausreichend ist [27], variiert diese über die Gitterlänge für Pulskompressions- oder Dispersionskompensationsanwendungen in der Telekommunikation [28]–[32]. Bei Faserlaseranwendungen kann über gezielte Inhomogenitäten der transversalen Ausdehnung des Gitters eine Modenselektion stattfinden und somit gezielt die Strahlqualität beeinflusst werden [10], [33], [34].

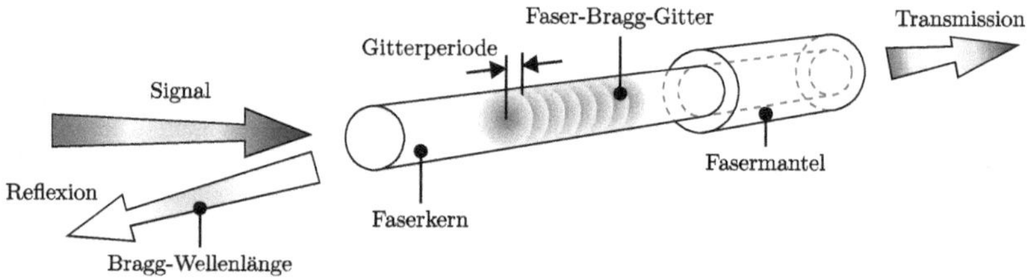

Abbildung 2.1.: Schematische Darstellung eines Faser-Bragg-Gitters mit der Gitterperiode im Kern einer optischen Faser. Wird ein breitbandiges Signal im Kern geführt, werden die Anteile am Bragg-Gitter reflektiert, deren Wellenlänge die Bragg-Bedingung erfüllt, diese gefilterten Anteile fehlen im transmittierten Signal.

Als faserintegrierte optische Elemente fungieren FBG als wellenlängenselektive Filter und Reflektoren und finden u.a. Einsatz als Sensoren für Temperatur, Druck und mechanische Verformung [4], [27], [35], [36], in der Telekommunikation als Reflektor, Filter und zur gezielten Dispersionskompensation [28], [31], [37], als Filter und zur Glättung des Verstärkungsspektrums bei Faserlasern [38], [39], sowie als faserintegrierte Resonatorspiegel für Faser- und Diodenlaser [40]–[44].

Faserbasierte und faserintegrierte Sensoren werden dank ihres kleinen und witterungsbeständigen Packagings und verlustarmer Datenübertragung in Bereichen eingesetzt, die sonst nur schwer zugänglich sind oder deren Einsatz über lange Strecken erfolgt. Hierzu zählen Schadensdetektion von Gas- und Ölpipelines [45]–[48], Temperatur- und Dehnungsmessungen von kohlenstoffverstärkten Verbundwerkstoffen [49]–[51], Tieftemperaturmessungen [52] und Ultraschalldetektion [53].
Werden FBG als faserintegrierter Resonatorspiegel bei Faserlasern oder fasergekoppelten Diodenlasern eingesetzt, bieten sie den Vorteil, dass auf ein externes optisches Element zur Rückfaltung der Strahlung zur Frequenzstabilisierung verzichtet werden kann, wodurch die Komplexität des Systems reduziert bzw. die mechanische Robustheit erhöht wird.

Nach diesem Überblick werden im folgenden Kapitel die Grundlagen von Faser-Bragg-Gittern, Berechnungsgrundlagen ihrer Transmissions- und Reflexionseigenschaften sowie Anwendungsbeispiele vorgestellt.

2.1. Grundlagen von Faser-Bragg-Gittern

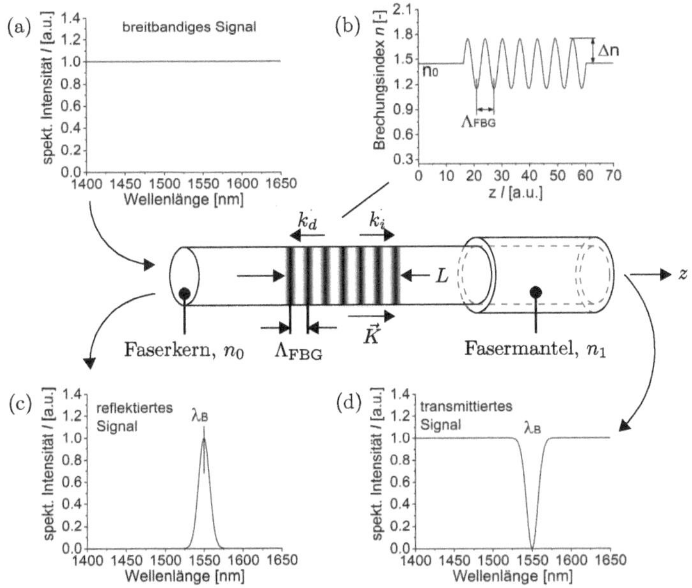

Abbildung 2.2.: Schematische Darstellung des Aufbaus und der Funktion eines Faser-Bragg-Gitters bestehend aus einer periodischen Brechungsindexmodulation mit dem Indexhub Δn, der Periode Λ_{FBG} und der Länge L. $\vec{k_i}$ bezeichnet den Wellenvektor des einfallenden, $\vec{k_d}$ der am Gitter gebeugten Strahlung und $\vec{K}$ den Gittervektor. (a) breitbandiges Signal, (b) longitudinale Brechungsindexmodulation des Faserkerns, (c) reflektiertes Signal, (d) transmittiertes Signal.

Ein Faser-Bragg-Gitter besteht aus einer periodischen Modulation des Brechungsindex eines Faserkerns entlang der longitudinalen Faserachse (z) mit dem Indexhub Δn, der Länge L und Gitterperiode Λ_{FBG} (Abb. 2.2). Für die folgenden Grundlagen wird angenommen, dass nur die Grundmode der Strahlung in der Faser geführt wird, die Gitterebenen senkrecht zur longitudinalen Faserachse ausgerichtet sind, die Gitterperiode konstant und die Brechungsindexmodifikationen homogen in transversaler Richtung über den Kern geschrieben sind. Das Brechungsindexprofil des FBG entlang des Faserkerns wird über Gleichung 2.1 ausgedrückt (Abb. 2.2 (a)).

$$n(z) = n_0 + \Delta n \sin\left(\frac{2\pi z}{\Lambda_{\mathrm{FBG}}}\right) \tag{2.1}$$

Durch den Brechungsindexhub der Gitterebenen wird die gesamte im Faserkern geführte Strahlung an jeder Ebene gemäß der Fresnel-Formeln partiell reflektiert [54] (S.234). Beispielsweise reflektiert ein Gitter mit dem Brechungsindexhub $\Delta n \approx 1 \cdot 10^{-4}$, der Länge L=3 mm und der Gitterperiode Λ_{FBG}=0,5 µm zirca 0,07 % der Strahlung (unter der Annahme, dass die geführte Strahlung die Wellenlänge $\lambda \approx$ 1550 nm hat und der Faserkern aus Quarzglas (n_{1550}=1,446 ist). Allgemein ist jedoch die reflektierte Strahlung der aufeinander folgenden Gitterebenen zunehmend phasenunkorreliert, es findet also keine konstruktive Interferenz statt.
Nur für Wellenlängen, die dem ganzzahligen Vielfachen der Gitterperiode im Medium entsprechen, sind die an allen Ebenen reflektierten Anteile in Phase, interferieren konstruktiv in rückwärtiger Propagationsrichtung und ergeben die am Gitter gebeugte Welle. Die Bedingung, bei der Energie und Impuls für vorwärts und rückwärts propagierendes Strahlung erhalten sind, wird Bragg-Bedingung genannt.

$$\vec{k_i} + \vec{K} = \vec{k_d} \tag{2.2}$$

Energieerhaltung ist gegeben, wenn die Wellenlänge der Strahlung in Vorwärtsrichtung gleich der in Rückwärtsrichtung ($\lambda_i = \lambda_d = \lambda$) ist. Die Impulserhaltung ist erfüllt, wenn die Summe des Wellenvektors der einfallenden Strahlung $\vec{k_i}$ und des Gittervektors $\vec{K}$ gleich der am Gitter gebeugten Welle $\vec{k_d}$, die in Rückwärtsrichtung propagiert (Gl. 2.2), ist. Hierbei steht der K-Vektor des Gitters senkrecht zur den Gitterebenen und hat den Betrag $\|\vec{K}\| = \frac{2\pi}{\Lambda_{FBG}}$. Die Beträge des einfallenden und des gebeugten Wellenvektors sind gleich $\|\vec{k_i}\| = \|\vec{k_d}\| = \frac{2\pi}{\lambda}$, die Richtungen sind entgegengesetzt (Abb. 2.2). Damit vereinfacht sich die Bragg-Bedingung zur fundamentalen Bragg-Gleichung:

$$(m)\, \lambda_{\mathrm{Bragg}} = 2\, n_{\mathrm{eff}}\, \Lambda_{\mathrm{FBG}} \tag{2.3}$$

in der λ_{Bragg} die am Gitter reflektierte Bragg-Wellenlänge ist und die Wellenlänge (im Vakuum) bezeichnet, die am Gitter reflektiert wird, n_{eff} ist der Brechungsindex für die Grundmode der Bragg-Wellenlänge im Faserkern der monomodigen Faser und Λ_{FBG} ist die Gitterwellenlänge des Faser-Gitters. Die Ordnungszahl m in Gleichung 2.3 ist die Ordnung der Bragg-Wellenlänge. Die kürzeste Wellenlänge, für die die Bragg-Bedingung erfüllt ist, ist die erste Ordnung, $m = 1$, entsprechend erfüllen ganzzahlige Vielfache dieser Wellenlänge ebenfalls die Bragg-Bedingung und werden höhere Ordnungen genannt ($m > 1$).
Wird also breitbandige Strahlung in der Faser geführt, werden genau die spektralen Anteile am Gitter reflektiert, die die Bragg-Bedingung erfüllen (Abb. 2.2 (b), (c), (d)).

Die Herleitung des wellenlängenabhängigen Reflexionskoeffizienten über die Coupled Wave Theory, die Betrachtung nicht-konstanter Gitterperioden, gegenüber der Longitudinalachse der Faser geneigte Gitterebenen, sowie FBG in multimodigen Fasern werden ausführlich in Kapitel 3.1 diskutiert.

2.2. Faser-Bragg-Gitter-basierte Sensorik

Da die Bragg-Wellenlänge λ_{Bragg} (kurz λ_{B}) direkt proportional zur Gitterperiode Λ_{FBG} ist (Gl. 2.3), werden Faser-Bragg-Gitter als optische Temperatur- und Dehnungssensoren an schwer zugänglichen Orten eingesetzt wie beispielsweise in Flugzeugtragflächen oder bei Tiefbohrungen der Öl- und Gasförderung [36], [55]–[58].
Durch eine thermisch oder mechanisch induzierte Längenänderung des Gitters ändert sich die Gitterperiode und damit auch die Bragg-Wellenlänge. Zusätzlich ist der Brechungsindex von Glas temperaturabhängig. Daraus folgt die Änderung der Bragg-Wellenlänge $\Delta\lambda$ relativ zur initialen Bragg-Wellenlänge λ_{B} zu:

$$\frac{\Delta\lambda}{\lambda_{\mathrm{B}}} = (1 - p_{\mathrm{e}})\epsilon + (\alpha_{\lambda} + \alpha_{\mathrm{n}})\,\Delta T. \tag{2.4}$$

p_e ist der photoelastische Koeffizient, ϵ die Dehnung der Faser, α_{λ} der thermische Ausdehnungskoeffizient von Quarzglas, α_{n} die thermische Brechungsindexänderung und ΔT die Temperaturänderung [31], [59]. Für eine konstante Temperatur ist die dehnungsabhängige Wellenlängenänderung damit in der Größenordnung 1 nm pro 1000 $\mu\epsilon$ für die relative Längenänderung $\epsilon = \frac{\Delta L}{L_0}$. Im Vergleich dazu ist die rein thermisch bedingte Änderung der Bragg-Wellenlänge in der Größenordnung 11 pmK^{-1}, wobei etwa 95% durch die Brechungsindexänderung verursacht werden und der Beitrag der Längenausdehnung des Gitters nahezu vernachlässigt werden kann.

Insgesamt bewirken also 0,1 K oder 1 $\mu\epsilon$ eine Wellenlängenänderung von 1 pm und sind damit mit einem Spektrometer messbar. Damit ist das Temperatur- bzw. Dehnungsauflösungsvermögen durch das spektrale Auflösungsvermögen des eingesetzten Spektrometers limitiert. Kommerziell verfügbare, hochauflösende Spektrometer weisen ein Auflösungsvermögen von bis zu 1 pm auf und sind damit für Messgenauigkeiten von 0,1°C (1$\mu\epsilon$) einsetzbar [60].
Spektrometer dieser Genauigkeit beanspruchen jedoch viel Bauraum und erfüllen damit oft nicht die Anforderungen der Sensormesstechnik an ein möglichst kleines Packmaß und Gewicht insbesondere in industriellen Anwendungen wie beispielsweise für Flugezeugtragflächen. Ebenso sind diese Spektrometer durch mangelnde mechanische Robustheit nicht einsetzbar bei rauen Umweltbedingungen wie Tiefbohrvorhaben. Die Fähigkeit, spektrale Änderung dieser Größenordnung bei möglichst geringem Packmaß und Gewicht sowie hoher mechanischer Robustheit elektro-optisch zu detektieren, ist weiterhin Gegenstand der Forschung.
Ein Vorteil der direkten Abhängigkeit der Bragg-Wellenlänge von der Temperatur und Dehnung ist, dass deren Änderung direkt in der Bragg-Wellenlänge kodiert ist und diese wahlweise in Reflexion oder Transmission detektiert werden kann. Über die Erweiterung der rein spektralen Messung durch eine Laufzeitmessung (engl. time-of-flight) der eingespeisten breitbandigen Signalpulse ist zusätzliche die örtliche Auflösung der Temperaturmessung möglich, wenn mehrere Faser-Bragg-Gitter verschiedener Gitterperioden in die Faser geschrieben sind [61], [62].
Ein weiterer Vorteil der direkten Abhängigkeit ist, dass geringe und variable Verluste des Signals in der Faser oder Änderungen der eingespeisten Signalstärke vernachlässigt werden können, da die absolute spektrale Intensität keinen Einfluss auf die gemessene Bragg-Wellenlänge hat.

2.3. Faser-Bragg-Gitter-basierte Faserlaserresonatoren

Bereits mit ihrer Entdeckung durch Hill et al. [22] 1978 wurde das Potential von Faser-Bragg-Gitter erkannt als vielseitige faserintegrierte optische Elemente eingesetzt zu werden.
Faser-Bragg-Gitter sind faserintegrierte, wellenlängenselektive Spiegel, deren Reflexionskoeffizient von der Höhe der Brechungsindexmodulation und Gitterlänge abhängt. In der Sensorik wird ausgenutzt, dass die reflektierte Wellenlängen linear von der mechanischen und thermischen Dehnung der Faser abhängt.
Insbesondere beim Aufbau von Faserlaserresonatoren bieten FBG die Möglichkeit, die Resonatorendspiegel vollständig faserintegriert zu realisieren. Potentielle Nachteile sind die geringe Flexibilität der Gitter. Sind diese einmal im Resonator eingeschrieben, sind sowohl die Gitterperiode als auch der Reflexionskoeffizient festgelegt und eine Anpassung ist nicht mehr möglich. Der Austausch eines Gitters ist mit dem vollständigen oder partiellen Tausch der Gitter- oder Resonatorfaser möglich und damit aufwändiger als nur der Tausch eines externen Rückkoppelelements.
Die Vorteile sind jedoch vielfältig. Durch den Verzicht auf externe Rückkoppelelemente wird der Resonatoraufbau signifikant vereinfacht und damit die mechanische Robustheit des Faserresonators erhöht. Sind die Bragg-Gitter im Faserkern eingeschrieben, müssen sie nicht erneut justiert werden, da sie nicht dejustiert werden können. Seit ihrer Entdeckung sind nicht nur Faser-Bragg-Gitter Gegenstand der Forschung und konstanter Weiterentwicklung, sondern ebenso ihre Einschreibverfahren. Somit können Faser-Bragg-Gitter in verschiedenen Faserkernen zuverlässig und reproduzierbar hergestellt werden und sind daher auch für den monolithischen Aufbau von Faserlasern geeignet.
Durch Wikszak et al wurde 2006 ein Faserlaserresonator gezeigt, dessen hochreflektierender Resonatorendspiegel über ein 40 mm langes FBG realisiert wurde, das mittels Phasenmaskentechnik in die aktive Er:Yb-Faser eingeschrieben wurde [8]. Bei diesem Einschreibverfahren wird die periodische Brechungsindexmodifikation über ein durch die Phasenmaske erzeugtes Intereferenzmuster eines Ultrakurzpulslasers in den Faserkern geschrieben. Für den hochreflektierenden Resonatorpiegel wurde das FBG mit einer Reflektivität von R=0,987 verwendet, als Auskoppelspiegel wurde nur die Fresnel-Reflexion an der polierten Austrittsfacette genutzt und die Ausgangsleistung des monomodigen Faserlasers betrug 38 mW bei 1554,5 nm.
Ebenfalls im Jahr 2006 wurde von Lai et al. ein monolithisch aufgebauter, monomodiger Er:Yb-Faserlaserresonator demonstriert mit zwei FBG als Endspiegel, die direkt in die aktive Faser geschrieben wurden [63]. Die Ausgangsleistung betrug 0,2 mW bei 1548,8 nm. Alleinstellungsmerkmal war das „Point-by-Point"-Herstellungsverfahren (auch „Punkt-zu-Punkt"- Herstellungsverfahren) der 8 mm langen FBG, welches dadurch ausgezeichnet ist, dass jede Modulationsebene einzeln durch einen stark in den Kern fokussierten, ultrakurzen Laserpuls erzeugt wird, das Gitter also Punkt für Punkt geschrieben wird.
Der monolithische Aufbau dieser Faserlaser ist von Vorteil, da die FBG direkt in den Faserkern geschrieben werden und daher keine Spleiße oder Faservorbehandlung für den Resonatoraufbau notwendig sind.
In den folgenden Jahren wurden direkt eingeschriebene FBG als Resonatorspiegel

in weiteren Fasermaterialien neben Er:Yb zum Gegenstand der Forschung. Der demonstrierte Wellenlängenbereich reicht von 1 bis zirka 3 µm und die verwendeten Fasermaterialien sind Ytterbium, Erbium und Thulium dotierte monomodige Fasern [64]–[70].

Die zur direkten Erzeugung einer Brechungsindexmodifikation notwendige Pulsenergie kann durch eine zusätzliche Dotierung des Fasermaterials herabgesetzt werden. Vor der Verfügbarkeit von IR-Ultrakurzpulslasern wurden die Fasern zusätzlich mit Wasserstoff beladen oder mit Germanium dotiert, um eine Photosensitivität des Materials zu erzeugen [71], [72]. Die Brechungsindexmodifikationen wurden mittels UV-Ultrakurzpulslasern erzeugt. Aufgrund der nötigen Vorarbeiten werden allerdings FBG-Herstellungsverfahren bevorzugt, bei denen keine Wasserstoffbeladung oder andere Vorbehandlungen notwendig sind.

Nachdem die ersten Bragg-Gitter mittels IR-Ultrakurzpulslasern geschrieben worden waren, rückten ebenso UKP-Laser anderer Emissionswellenlängen in den Fokus der Forschung. Durch Bernier et al. wurde 2010 gezeigt, dass auch mittels 400 nm ultrakurzgepulster Laserstrahlung Faser-Bragg-Gitter in nicht-photosensitive Glaser geschrieben werden können [73], [74]. Die mittels Phasenmaskentechnik geschriebenen Bragg-Gitter wiesen nach dem Tempern eine Reflektivität von R=0,99 am HR-Resonatorende und R=0,15 an der Resonatorauskoppelseite auf, die Pulsenergie im Schreibprozess betrug 300 µJ und der Faserlaser erreichte ein Ausgangsleistung von 175 W bei 965 nm.

Durch die Weiterentwicklung der Herstellungstechniken von FBG wurden nicht nur monomodige Faserkerne mit Durchmesser <10 µm und verschiedenen Materialien eingesetzt, sondern auch monolithisch aufgebaute Resonatoren untersucht, deren Faserkerndurchmesser 20 µm oder größer sind und damit gering- oder niedrigmodige Laserstrahlung emittieren. Beispielsweise wurde bereits 2010 ein Faserlaser mit einem HR-FBG-Resonatorspiegel bei einem Kerndurchmesser von <10 µm und einer Ausgangsleistung von <215 W demonstriert [6], sowie 2020 hochreflektierende Gitter in <50 µm-Kernen [75].
Da der Fasermantel, auch Fasercoating genannt, oftmals absorbierend für die Wellenlänge des FBG-Herstellungslasers ist, wird vor dem Bearbeitungsprozess das Coating entfernt. Zur Wiederherstellung der mechanischen Stabilität der Faser wird nach dem Beschriftungsprozess das Coating wieder neu aufgetragen. Sind Beschriftungswellenlänge und Coatingmaterial so abgestimmt, dass das FBG durch den Fasermantel geschrieben wird, ist in aktiven Fasern die durch die Pumpstrahlung induzierte Erwärmung des Gitters reduziert, wodurch eine weitere Leistungsskalierung bei FBG-skalierten Faserlasern vereinfacht wird [75].
Bisher wurden nur Faser-Bragg-Gitter diskutiert, die explizit auf die Faserkernregion begrenzt sind. Zusätzlich wurde 2020 gezeigt, dass gechirpte Faser-Bragg-Gitter, die in den inneren Teil des Faserpumpmantels, auch Pump-Cladding genannt, von Faserlasern geschrieben werden, als Pumplichtreflektoren eingesetzt werden können [74]. Durch die so realisierte Pumplichtrückfaltung wurde die Ausgangsleistung des Faserlasers von 22,8 W auf 29 W bei gleicher Pumpleistung erhöht.

2.4. Faser-Bragg-Gitter-basierte Laserdiodenresonatoren

Hochleistungsdiodenlaser gehören aufgrund ihrer kompakten Bauform und ihrer verglichen mit anderen Laserstrahlquellen großen elektro-optischen Effizienz von über 70% zu den effizientesten Laserstrahlquellen für den industriellen Einsatz [76], [77]. Die geringe spektrale Brillanz kommerziell erhältlicher Diodenlaser im NIR-Spektralbereich schränkt jedoch die Möglichkeit einer effizienten Leistungsskalierung durch spektrales Multiplexing ein und damit auch ihre Verwendung für Hochleistungsanwendungen wie Materialbearbeitung sowie Laserpumpanwendungen, die eine schmale spektrale Bandbreite erfordern [2]. Ein üblicher Ansatz zur Verengung der spektralen Emissionsbreite von Diodenlasern ist die Frequenzstabilisierung durch Verwendung zusätzlicher optischer Elemente.
Beispielsweise wird mit Oberflächengittern oder Volumen-Bragg-Gittern (VBG), die wellenlängenselektiv einen Teil der emittierten Strahlung in die Diode zurückkoppeln, ein externer Resonator aufgebaut. Alternativ zur Frequenzstabilisierung mit einem externen optischen Element, kann bereits der Wellenleiter des Halbleiters durch beispielsweise einen Elektronenstrahllithografieprozess mit einer Gitterstruktur zur wellenlängenselektiven Rückkopplung versehen werden. Diese Laserdioden, bei denen das aktive Halbleitermaterial strukturiert ist, werden DFB-Laser genannt (von engl. distributed feedback laser, deutsch Laser mit verteilter Rückkopplung) [78]–[82].
Durch die Frequenzstabilisierung wird die spektrale Emissionsbandbreite von Diodenlasern von etwa 6 nm auf weniger als 0,2 nm reduziert und somit ermöglichen diese Verfahren das effiziente spektrale Multiplexen zur Leistungsskalierung von Laserdiodensystemen [83]–[90].

Für industrielle Anwendungen werden Diodenlaser vorzugsweise mit Faserkopplung eingesetzt. Im nahen bis fernen infraroten Emissionsbereich (780 nm-3 µm) sind einzelemitterbasierte Module zur Zeit kommerziell verfügbar mit optischen Ausgangsleistungen zwischen 1 mW und 450 mW bei monomodigen Fasern, und bis zu 10 W mit Multimodefaserkopplung, die typische Emissionsbandbreite liegt bei 5 nm [91]–[93].
Diodenlasermodule basierend auf mehreren geometrisch, spektral oder polarisationsgekoppelten Einzelemittern reichen von 15 W bis hin zu Multi-Kilowatt-Systemen, wobei letztere typischerweise für die Laserdirektmaterialbearbeitung wie Schweißen und Schneiden eingesetzt werden [93]–[95].
Im Bereich der frequenzstabilisierten Laserdiodenmodule, beispielsweise für Faserlaserpumpanwendungen, sind Module bis über 200 W erhältlich , die sich durch eine spektrale Emissionsbreite von weniger als 0,5 W auszeichnen [93], [94].

2.5. Herstellung von Faser-Bragg-Gittern

Die Herstellung der periodischen Brechungsindexmodifikation basiert auf nichtlinearen optischen Effekten im Glas. Hierbei sind die Entstehung der Modifikation durch den photorefraktiven Effekt und die Entstehung durch nichtlineare Photonenabsorption zu unterscheiden.
Der photorefraktive Effekt tritt in photoleitenden, elektro-optischen Kristallen auf,

die für die Belichtungswellenlänge transparent sind. Die Photonenenergie der Bearbeitungslaser ist ausreichend, um Elektronen im illuminierten Volumen vom Valenzband in das Leitungsband anzuregen und durch die so entstehende räumlich inhomogene Ladungsverteilung entsteht ein materialinternes elektrisches Feld, welches wiederum durch den Pockels-Effekt eine Brechungsindexänderung zur Folge hat [96], [97].
Zur Verringerung der Bandlücke des zu bearbeitenden Materials wird bei Quarzglas (Siliziumdioxid) beispielsweise eine Germaniumdotierung eingesetzt. Die Bandlücke des reinen Siliziumdioxids wird so von zirca 9 eV auf etwa 5 eV (umgerechnet 250 nm) reduziert [98], [99] und ermöglicht damit den Einsatz von verfügbaren Ultrakurzpulslaserstrahlquellen im UV-Wellenlängenbereich (100-380 nm).
Zusätzlich kann die Photosensitivität des dotierten Glases noch durch Wasserstoffbeladung erhöht werden [100]. Hierbei wird das zu bearbeitende Glas oder die Faser zwischen 3 und 20 Tage in ein Wasserststoffbad gelegt, wodurch Wasserstoffmoleküle in das Glas diffundieren [101], [102]. Verglichen mit Wasserstoff-unbeladenen Glasfasern kann durch die Beladung bei sonst gleichem Gitterschreibprozess eine relative Brechungsindexerhöhung von zirca $6 \cdot 10^{-4}$ erreicht werden. Damit verkürzt die Wasserstoffbeladung zwar die Dauer des Schreibprozesses, bis die vorgegebenen Brechungsindexmodifikation erreicht ist, der Beladungsprozess ist allerdings zeitaufwendig und technisch anspruchsvoll, da dieser bei Raumtemperatur unter Hochdruck (110 bar) stattfindet [101].
Wird der Effekt der nichtlinearen Photonenabsorption ausgenutzt, um Brechungsindexmodifikationen zu erzeugen, kann undotiertes Quarzglas verwendet werden, und zur Bearbeitung werden Ultrakurzpulslaser im infraroten Wellenlängenbereich eingesetzt (typischerweise bei 800 nm). Bei den zugrunde liegenden Photonenionisationsprozessen absorbiert beispielsweise ein Elektron gleichzeitig mehrere Photonen (Multiphotonenionisation, MPI) und wird so vom Valenzband in das Leitungsband angeregt. Durch den Prozess der inversen Bremsstrahlung absorbieren die freien Elektronen im Leitungsband weitere Energie. Überschreitet die kinetische Energie der freien Elektronen einen kritischen Wert, können diese bei Stößen noch gebundene Elektronen ebenfalls in das Leitungsband anregen. Der Prozess, bei dem Elektronen im Valenzband durch Stöße mit freien Elektronen in das Leitungsband angeregt werden statt durch (Multi)Photonenabsorption, wird Avalanche-Ionisation genannt [103].
Beide nichtlineare optische Effekte werden in Kapitel 3.2 der physikalischen Grundlagen detaillierter erläutert.
Dadurch, dass weder Dotierung noch Wasserstoffbeladung für Gitterschreibverfahren basierend auf dem Photoionisationsprozess notwendig sind, ist dieses Verfahren deutlich flexibler und direkt anwendbar zur Herstellung von FBG in beispielsweise Standardtelekomfasern oder anderen Fasern aus undotiertem Quarzglas. Die physikalischen Grundlagen der Schreibprozesse werden detailliert in Kapitel 3.2 vorgestellt.

Unabhängig davon, ob der photorefraktive Effekt oder Photoioninsationsprozess genutzt wird, um Fasergitter zu schreiben, werden die zum Einsatz kommenden Schreibverfahren in direkte und indirekte Verfahren unterteilt (Abb. 2.3). Bei den direkten Schreibverfahren, auch Punkt-zu-Punkt-Schreibverfahren (engl. point-by-point) genannt, wird die Laserstrahlung meist mit großer numerischer Apertur in das zu be-

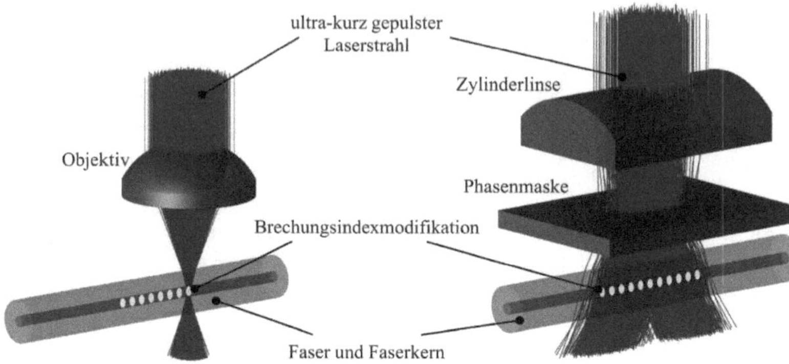

Abbildung 2.3.: Schematische Darstellung von direkten (links) und indirekten (rechts) Herstellungsverfahren für Faser-Bragg-Gitter.

arbeitende Glasvolumen bzw. den Faserkern fokussiert [104]. Durch die Translation des Glases oder der Faser wird Energie im Volumen deponiert und so die gewünschte Struktur in das Volumen geschrieben. Vorteile der direkten Schreibverfahren sind die Flexibilität der Gitterperiode und der transversalen Geometrie. Nachteilig ist die hohe Anforderung an die Genauigkeit der Translationsachsen, da typische Gitterperioden in der Größenordnung von 1 µm liegen. Die typische Pulsenergie für Punkt-zu-Punkt Einschreibverfahren liegt bei 1 µJ [12], [23], [24], [97], [105]–[107].
Bei indirekten Schreibverfahren, auch ein seitliches Beleuchtungsverfahren, wird die Intensitätsverteilung des Bearbeitungslasers so in transversaler Richtung periodisch moduliert, dass das FBG ohne Verschiebung der Faser geschrieben wird. Die Modulation der Intensitätsverteilung wird durch einen interferometrischen Aufbau, beispielsweise mit einer Phasenmaske, erzeugt und die geschriebene Gitterperiode ist gleich der Modulationsperiode. Zur Maximierung der in das Material eingebrachten Energie wird durch Strahlformung mittels einer Zylinderlinse ein Linienfokus erzeugt, dessen Taillendurchmesser typischerweise dem Faserkern entspricht und dessen Intensität in Längsrichtung mit der Gitterperiode moduliert ist. Zur Vergrößerung des transversalen Gitterdurchmessers kann die Faser in den transversalen Richtungen verschoben werden. Der Vorteil dieses Verfahrens ist die hohe Reproduzierbarkeit der geschriebenen Gitter, insbesondere der Gitterperiode. Die in die Faser geschriebene Gitterperiode ist immer halb so lang wie die Phasenmaskenperiode. Entsprechend ist nachteilig im Vergleich zum Punkt-zu-Punkt-Verfahren, dass für verschiedene FBG-Perioden verschiedene Phasenmaske benötigt werden. Die typische Pulsenergie für Einschreibverfahren über seitliche Beleuchtung liegt zwischen 200 µJ und 500 µJ [12], [106], [108]–[111]. Typischerweise werden zum Einschreiben der FBG Ultrakurzpulslasersystem (UKP-Lasersysteme) bei 800 nm (Ti:Sapphire) eingesetzt, mit Pulsdauern bei 50 bis 150 fs und einer Repititionsrate von 1 kHz. Da der Faserpolymermantel typischerweise im nahen infraroten Wellenlängenbereich absorbiert, wird dieser an der Stelle entfernt, wo das FBG geschrieben wird. Nach dem FBG-Schreibvorgang wird die Faser an der Stelle wieder neu ummantelt, da der Polymermantel zum Schutz der Faser insbesondere gegen Bruch bei mechanischer Biegung dient [100] (S.83).

Für Schreibverfahren mit UKP-Lasern im infraroten Wellenlängenbereich gilt zu beachten, dass die Zerstörschwelle des Polymermantels deutlich geringer als die benötigte Schwellintensität zur Erzeugung der Brechungsindexmodifikation ist. Typischerweise wird auch hier der Mantel vor dem Schreibvorgang entfernt und danach zum Schutz der Faser neu aufgebracht.
Bei bei diesem seitlichen Beleuchtungsverfahren ist durch präzise Abstimmung der Brennweite und numerischen Apertur der Zylinderlinse auf die Laserpulsenergie möglich, das FBG ohne die Zerstörung des Polymermantels zu schreiben. Der Gradient der Spitzenintensität entlang der Strahlpropagationrichtung wird so gewählt, dass die Intensität am Fasermanteleintritt dessen Zerstörschwelle nicht überschreitet, die Intensität im Fokus überschreitet den Schwellwert zur Brechungsindexmodifikation und das FBG wird erzeugt [112].
Eine Übersicht über verschiedene Umsetzungen für direkte und indirekte Schreibverfahren mit den jeweiligen Vor- und Nachteilen ist in Kapitel 3.3 aufgestellt.

2.6. Zusammenfassung und Defizite im Stand der Technik

Insgesamt haben Faser-Bragg-Gitter vielfältige Einsatzgebiete. Im Bereich der Sensorik finden sie insbesondere Anwendung bei schwer zugänglichen Orten wie bei Tiefbohrungen und in Flugzeugtragflächen und werden als Sensoren für thermisch bzw. mechanisch induzierte Dehnung sowie Temperaturveränderungen verwendet.
Bei monomodigen und geringmodigen Faserlasersystemen in der kW-Klasse werden sie als hochreflektierende Endspiegel und geringreflektierende Auskoppelfenster eingesetzt.

Der in diesem Kapitel vorgestellte Stand der Technik und die damit verknüpften Anwendungen im Bereich der Sensorik und Faserlaserresonatoren ist auf monomodige oder geringmodige, optische Fasern beschränkt, auf Fasern also, deren Kerndurchmesser so klein ist, dass nur die Grundmode geführt wird. Für monomodige Fasern sind FBG für Bragg-Wellenlängen zwischen 1460 nm und 1640 nm sowie Reflexionskoeffizienten von 10^{-4} bis 0,99 kommerziell verfügbar und werden für eine Vielzahl von Anwendungen eingesetzt [36], [57], [58], [113].
Bei Faser-Bragg-Gittern für Multimodefasern mit Kerndurchmesser >50 µm ergeben sich verschiedene Herausforderungen.
In Multimodefasern wird eine Vielzahl von Moden geführt und jede dieser geführten Moden weist eine von der Grundmode abweichende Propagationskonstante auf, welche durch einen modenabhängigen effektiven Brechungsindex in die Bragg-Gleichung eingeht (Formel 2.3). Damit wird die modale Reflektivität des Gitters gemindert.
Weiterhin beeinflusst die geometrische Überlappung der Mode mit dem Gitter die Reflektivität. Für große Kernquerschnitte ist zur gezielten Gitterherstellung eine scannende Gitterschreibstrategie notwendig, die jedoch anfällig für Inhomogenitäten im Gitterquerschnitt ist, welche sich nachteilig auf die modalen Reflexionseigenschaften des Gitters auswirken.
Ebenso ist die Berechnung der Kopplung zwischen den reflektierten und propagierenden geführten Moden und damit die Berechnung des Gitterdesigns für Multimodefasern aufwendig, da die Berechnungszeit von der Anzahl der geführten Moden abhängig ist.
Der Einsatz von Faser-Bragg-Gittern in kommerziell verfügbaren, multimodigen Hochleistungsfaserlaserresonatoren der kW-Klasse ist bisher nicht bekannt. Der Einsatz eines Fasergitters an Stelle eines externen Rückkoppelspiegels bietet jedoch den Vorteil, dass durch den Wegfall des zusätzlichen optischen Elements die mechanische Robustheit des Lasersystems steigt.
Für fasergekoppelte, multimodige Diodenlaser wird die Frequenzstabilisierung typischerweise mit einen Volumen-Bragg-Gitter ausgeführt (VBG), also einem zusätzlichen diffraktiven optischen Element im Strahlengang [114]. Da für industrielle Anwendungen Diodenlaser typischerweise mit einer multimodigen Transportfaser versehen sind, bietet auch hier die Ausführung der Frequenzstabilisierung mittels eines Fasergitters die Möglichkeit, auf das zusätzliche optische Element zu verzichten.

3. Physikalische Grundlagen

Ziel dieses Kapitels ist die Erarbeitung der physikalischen Grundlagen, die zum laserbasierten Schreiben von Faser-Bragg-Gittern in optischen Fasern sowie für deren Einsatz als wellenlängenselektives Rückkoppelelement relevant sind. Zu den Grundlagen zählen sowohl die Berechnung der Beugungseffizienz an Bragg-Gittern als auch die der Erzeugung von Brechungsindexmodifikationen zugrunde liegenden physikalischen Mechanismen im Dielektrikum. Daher gliedern sich die vorgestellten Grundlagen in drei Teilgebiete:
In Kapitel 3.1 werden die theoretischen Grundlagen der Beugung an Bragg-Gittern mittels der Coupled-Wave-Theory vorgestellt, bei der die in der Gitterstruktur gegenläufigen elektrischen Felder über Differentialgleichungen gekoppelt sind.
Danach wird im Kapitel 3.2 die Erzeugung von Brechungsindexmodifikationen durch Energiedeposition mittels ultrakurz gepulster Laserstrahlung im Dielektrikum vorgestellt. Dies umfasst die relevanten durch die Laserstrahlung induzierten Ionisationsmechanismen Multiphotonen- und Tunnelionisation, die Avalanche-Ionisation und die Klassifizierung der entstandenen Brechungsindexmodifikationen abhängig von ihren spektralen Eigenschaften und ihrer Temperaturbeständigkeit.
Als Basis für die Entwicklung eines Schreibverfahrens für FBG in hochmodigen Fasern werden in Kapitel 3.3 die gängigen FBG-Schreibverfahren für FBG in monomodigen Fasern mit ihren Vor- und Nachteilen vorgestellt.

3.1. Die Coupled-Wave-Theory – Theorie der gekoppelten Wellen

Für die Berechnung der Beugung von Licht an Gitterstrukturen sind verschiedene mathematische Ansätze zielführend. Bei der *Rigorous Coupled-Wave-Theorie* (RCWT) und der *Rigorous Modal Analysis* (RMA) wird keine Approximation oder Diskretisierung der Gitterstruktur angenommen [115]. Wird die Betrachtung der RCWT auf die 0. und -1. Beugungsordnung beschränkt, geht die RCWT in die Coupled-Wave-Theorie (CWT) über [116]. Mit der CWT wird die winkel- und wellenlängenabhängige Beugungseffizienz der Bragg-Beugung von Licht an uniformen und periodischen Gitterstrukturen berechnet. Bei diesem Ansatz werden die in der Gitterstruktur vorwärts und durch Reflexion rückwärts propagierenden Felder über Differentialgleichungen gekoppelt. Die CWT ist auf Transmissions- und Reflexionsgitter anwendbar. Berücksichtigung finden die räumlichen Modulationen des Brechungsindex und der Absorptionskonstante, als auch die im Gitter auftretenden Verluste. Während in der CWT auch Grenzflächeneffekte betrachtet werden, werden diese für die Berechnung innerhalb des FBG vernachlässigt, da die im Faserkern propagierenden Felder am FBG keine Grenzflächeneffekte erfahren. Die folgende Beschreibung und Notation der CWT stammt hauptsächlich aus [26], [116] und die Herleitung der Anwendung der CWT auf FBG ist an [9] angelehnt.

3.1.1. Der effektive Brechungsindex für Fasermoden

Unabhängig vom Anwendungsgebiet der FBG bestehen diese aus der periodischen Modulation des Brechungsindex des Faserkerns, eine Änderung der Absorptionskonstante wird nicht angestrebt und wird daher in der folgenden Betrachtung vernachlässigt. Das FBG besteht also vereinfacht aus der periodischen Änderung des effektiven Brechungsindex Δn_{eff} der betrachteten, im Kern geführten Mode(n) und wird beschrieben durch

$$\Delta n_{\text{eff}}(z) = \overline{\delta n_{\text{eff}}}(z)\left(1 + s \cdot \cos\left(\frac{2\pi}{\Lambda_{\text{FBG}}} z + \phi(z)\right)\right) \tag{3.1}$$

mit der FBG-Periode Λ_{FBG} und dem Modulationskontrast $s = 0...1$. Ein Gitter-Chirp, also eine Änderung der Gitterperiode entlang des FBG, wird in $\phi(z)$ berücksichtigt. $\overline{\delta n_{\text{eff}}}(z)$ ist die räumlich gemittelte induzierte Änderung des Brechungsindex entlang des FBG, wobei hier berücksichtigt wird, dass sich der Brechungsindexhub entlang des Gitters bei sog. apodisierten Gittern ändert.
Für Stufenindexfasern und ein über den Kernquerschnitt homogen geschriebenes Gitter ist die Brechungsindexänderung des Kerns δn_{co}. Dabei gilt für die Änderung des effektiven Brechungsindex die Relation $\delta n_{\text{eff}} \cong \Gamma \delta n_{\text{co}}$ mit dem Kernbegrenzungsfaktor (engl.: core confinement factor) Γ der betrachteten Mode, welcher angibt, welcher Anteil der in der Mode gesamt geführten Energie im Kern geführt wird. Der Kernbegrezungsfaktor einer Mode wird über

$$\Gamma = \frac{b^2}{V^2}\left(1 - \frac{J_l^2(V\sqrt{1-b})}{J_{l+1}^2(V\sqrt{1-b})\, J_{l-1}^2(V\sqrt{1-b})}\right) \tag{3.2}$$

bestimmt. Dabei ist V die V-Zahl der Faser

$$V = \frac{2\pi}{\lambda} r_{\text{co}} \sqrt{n_{\text{co}}^2 - n_{\text{cl}}^2}$$

(Kernradius r_{co}, Brechungsindex n_{co} des Kerns und n_{cl} des Mantels) und b der effektive Index-Parameter als Lösung der Dispersionsrelation

$$V\sqrt{1-b}\frac{J_{l-1}^2(V\sqrt{1-b})}{J_l^2(V\sqrt{1-b})} = -V\sqrt{b}\frac{K_{l-1}^2(V\sqrt{b})}{K_l^2(V\sqrt{b})} \tag{3.3}$$

mit der Azimuthal-Ordnung l der Mode LP_{lm}, der Bessel-Funktion J_l und der modizfizierten Hankel-Funktion K_l der Ordnung l. Der effektive Brechungsindex der betrachteten Mode folgt dann aus der Beziehung zum effektiven Index-Parameter

$$b = \frac{n_{\text{eff}}^2 - n_{\text{cl}}^2}{n_{\text{co}}^2 - n_{\text{cl}}^2} \tag{3.4}$$

Allgemein wird die Beugung elektromagnetischer Wellen an Gittern über die Gitter-Gleichung beschrieben, die auch für die in einer Faser geführten Moden, die auf ein FBG treffen, gilt [117]

$$n \sin\theta_2 = n \sin\theta_1 + m\frac{\lambda}{\Lambda_{\text{FBG}}} \tag{3.5}$$

mit dem Einfallswinkel θ_1 und der Wellenlänge λ der einfallenden Strahlung, dem Beugungswinkel θ_2 bei der Beugungsordnung m und der Gitterperiode Λ_{FBG}. Bei einer geometrischen Betrachtung einer Mode, die unter dem Winkel θ_1 auf das Gitter trifft und unter dem Winkel $\theta_2 = -\theta_1$ reflektiert wird, wird der effektive Brechungsindex als $n_{\mathrm{eff},1} = n_{\mathrm{co}} \cdot \sin\theta_1$ umgeschrieben. Zusammen mit der Moden-Propagationskonstante $\beta = 2\pi\, n_{\mathrm{eff,i}}\lambda^{-1}$ wird die Gittergleichung umgeformt zu

$$\beta_2 = \beta_1 + m\frac{\lambda}{\Lambda_{\mathrm{FBG}}}. \tag{3.6}$$

Daher ist die Kopplungsresonanzwellenlänge für die Reflexion einer Mode mit dem Brechungsindex $n_{\mathrm{eff},1}$ in eine zweite Mode mit dem Brechungsindex $n_{\mathrm{eff},2}$

$$\lambda = (n_{\mathrm{eff},1} + n_{\mathrm{eff},2})\Lambda_{\mathrm{FBG}}. \tag{3.7}$$

Für die Kopplung einer Mode in sich selber folgt die vereinfachte Bragg-Gleichung

$$\lambda = 2\, n_{\mathrm{eff}}\, \Lambda_{\mathrm{FBG}}. \tag{3.8}$$

Allgemein sind die optischen Eigenschaften eines Faser-Gitters durch die induzierte Brechungsindexänderung δn_{eff} bestimmt. Dadurch, dass jede in einem Faserkern geführte Mode einen anderen effektiven Brechungsindex hat, ist auch die Bragg-Bedingung für jede Mode bei einer anderen Gitterwellenlänge erfüllt.

3.1.2. Ansatz der Theorie der gekoppelten Wellen

Unter der Annahme eines ungestörten Wellenleiters, hier dem unveränderten Faserkern ohne Gitter, wird die transversale Komponente des im Kern propagierenden elektrischen Feldes als Superposition der ideellen Moden j geschrieben

$$E_t(x,y,z,t) = \sum_j \left[A_j(z)\exp(i\,\beta_j z) + B_j(z)\exp(-i\,\beta_j z)\right] \cdot \vec{e_{jt}}(x,y)\exp(-i\,\omega t) \tag{3.9}$$

mit den langsam variierenden Amplituden A_j und B_j der in $+z$ und $-z$ propagierenden j-ten Mode, der Modenpropagationskonstante $\beta = 2\pi\, n_{\mathrm{eff}}\, \lambda^{-1}$ und dem Modenfeld $\vec{e_{jt}}(x,y)$. Die Entwicklung der Amplituden der j-ten Mode entlang der z-Richtung wird beschrieben durch

$$\frac{\mathrm{d}A_j}{\mathrm{d}z} = i\sum_k A_k(K^t_{kj} + K^z_{kj})\exp(i(\beta_k - \beta_j)z) + i\sum_k B_k(K^t_{kj} - K^z_{kj})\exp(-i(\beta_k + \beta_j)z) \tag{3.10}$$

$$\frac{\mathrm{d}B_j}{\mathrm{d}z} = -i\sum_k A_k(K^t_{kj} - K^z_{kj})\exp(i(\beta_k + \beta_j)z) - i\sum_k B_k(K^t_{kj} + K^z_{kj})\exp(-i(\beta_k - \beta_j)z) \tag{3.11}$$

Darin ist K_{kj}^t der transversale Kopplungskoeffizient der Moden j und k

$$K_{kj}^t(z) = \iint\limits_{\infty} \Delta\epsilon(x,y,z)\vec{e_{kt}}(x,y)\vec{e_{jt}^\star}(x,y)\mathrm{d}x\mathrm{d}y \tag{3.12}$$

mit der räumlichen Änderung der Permittivität $\Delta\epsilon$, für die näherungsweise $\Delta\epsilon \cong 2n\delta n$ gilt, wenn $\delta n \ll n$. Da in einem idealen Wellenleiter die Moden j und k mathematisch orthogonal zueinander sind, wird die Kopplungskonstante Null, und kein Energieaustausch findet statt.
Da für Fasermoden der longitudinale Kopplungskoeffizient $K_{kj}^z \ll K_{kj}^t$ ist, wird dieser vernachlässigt. Davon ausgehend, dass die Brechungsindexänderung
$\delta n(x,y,z)$ des Fasergitters transversal homogen und auf den Kern begrenzt ist, wird in der Beschreibung der Brechungsindexänderung (Gl. 3.1) $\overline{\delta n_{\text{eff}}}(z) = \overline{\delta n_{\text{co}}}(z)$ gesetzt. Aufgeteilt in einen über alle Perioden gemittelten Anteil $\sigma_{kj}(z)$ und einen nicht-gemittelten Anteil $\kappa_{kj}(z)$, ist der transversale Kopplungskoeffizient

$$K_{kj}^t(z) = \sigma_{kj}(z) + 2\kappa_{kj}(z)\cos\left(\frac{2\pi}{\Lambda_{\text{FBG}}}z + \phi(z)\right) \tag{3.13}$$

mit

$$\sigma_{kj}(z) = \frac{\omega n_{\text{co}}}{2}\overline{\delta n_{\text{co}}}(z) \iint\limits_{core} dxdy\, \vec{e_{kt}}(x,y)\vec{e_{jt}^\star}(x,y)$$

$$\kappa_{kj}(z) = \frac{s}{2}\sigma_{kj}(z)$$

3.1.3. Die Zwei-Moden-Kopplung bei Faser-Bragg-Gittern

Da in einem Bragg-Gitter die dominierende Wechselwirkung zwischen einer Mode mit der Amplitude A und einer gegenläufig propagierenden Mode der Amplitude B mit identischen Wellenlängen nahe der Bragg-Wellenlänge ist, wird die Änderung der Amplituden vereinfacht zu

$$\frac{dR}{dz} = i\hat{\sigma}R(z) + i\kappa S(z) \tag{3.14}$$

$$\frac{dS}{dz} = -i\hat{\sigma}S(z) - i\kappa^\star R(z) \tag{3.15}$$

mit den Amplituden $R(z) = A(z)\exp(i\delta z - \phi/2)$ und $S(z) = B(z)\exp(-i\delta z + \phi/2)$, der nicht gemittelten Kopplungskonstante κ und der Selbstkopplungskonstante

$$\hat{\sigma} = \delta + \sigma + \frac{1}{2}\frac{d\phi}{dz}$$

Im Detuning-Faktor δ ist die Differenz der Moden-Wellenlänge zur Bragg-Wellenlänge $\lambda_B = 2n_{\text{eff}}\Lambda_{\text{FBG}}$ zu

$$\delta = 2\pi n_{\text{eff}}\left(\frac{1}{\lambda} - \frac{1}{\lambda_B}\right) \tag{3.16}$$

zusammengefasst.
Für gleichförmige Gitter mit konstanter Gitterperiode ($d\phi/dz = 0$) und gleichem maximalen Brechungsindexhub wird $\delta n_{\text{eff}}(z) = \delta n_{\text{eff}}$ und κ, σ und $\hat{\sigma}$ sind unabhängig

von z. Damit werden die Gleichungen 3.14 und 3.15 zu gekoppelten Differentialgleichungen erster Ordnung, für die bei geeigneten Randbedingungen eine geschlossene Lösung existiert.
Zur Berechnung der Reflektivität R, also der Beugungseffizienz eines Gitters der Länge L, wird angenommen, dass eine von $z = -\infty$ vorwärts propagierende Welle bei $z = -L/2$ auf das Gitter trifft, dort die Amplitude $R(-L/2) = 1$ ist und hinter dem Gitter keine rückwärts propagierende Welle existiert, $S(z \geq L/2) = 0$.
Somit folgt final für die Reflexionskoeffizienten von der Amplitude und Leistung $\rho = S(-L/2)/R(-L/2)$ und $R = |\rho|^2$ [118], [119](S.7-88)

$$\rho = \frac{-\kappa \sinh\left(L\sqrt{\kappa^2 - \hat{\sigma}^2}\right)}{\hat{\sigma}\sinh\left(L\sqrt{\kappa^2 - \hat{\sigma}^2}\right) + i\sqrt{\kappa^2 - \hat{\sigma}^2}\cosh\left(L\sqrt{\kappa^2 - \hat{\sigma}^2}\right)} \tag{3.17}$$

$$R = \frac{\sinh^2\left(\sqrt{(\kappa L)^2 - (\hat{\sigma} L)^2}\right)}{\cosh^2\left(\sqrt{(\kappa L)^2 - (\hat{\sigma} L)^2}\right) - \frac{\hat{\sigma}^2}{\kappa^2}} \tag{3.18}$$

Die charakteristischen optischen Eigenschaften wie die maximale Reflektivität R_{max} und die spektrale Bandbreite eines Faser-Gitters werden im nächsten Abschnitt aus der Reflektivität R hergeleitet und diskutiert.

3.1.4. Spektrale Reflektivität von Faser-Bragg-Gittern in monomodigen Fasern

Für eine in einer monomodigen Faser propagierende Grundmode und einem auf den Kern begrenzten, uniformen, homogen über den Kernquerschnitt geschriebenen Gitter werden die Kopplungskoeffizienten nahe der Bragg-Wellenlänge vereinfacht zu

$$\sigma = \frac{2\pi}{\lambda}\overline{\delta n_{\text{eff}}} \tag{3.19}$$

$$\kappa = \kappa^{\star} = \frac{\pi}{\lambda} s\, \overline{\delta n_{\text{eff}}} \tag{3.20}$$

da unter anderem $\overline{\delta n_{\text{eff}}}(z) = \overline{\delta n_{\text{eff}}}$ gilt. Die maximale Reflektivität eines FBG hängt vom Produkt aus Kopplungskonstante und der Länge des Gitters ab und beträgt

$$R_{\text{max}} = \tanh^2(\kappa L) \tag{3.21}$$

Für Brechungsindexänderungen der Größenordnung $\delta n \approx 1 \cdot 10^{-4}$ bis $\delta n \approx 5 \cdot 10^{-4}$ und Gitterlängen L=3 mm bis L=7 mm ist das Produkt aus Moden-Kopplungskonstante und Gitterlänge bei der Wellenlänge λ=1 µm der Größenordnung κL=1 bis κL=11 (Kontrast s=1).
Die maximale Reflektivität tritt bei der Wellenlänge auf, bei der $\hat{\sigma}$=0 gilt

$$\lambda_{\text{max}} = \left(1 + \frac{\overline{\delta n_{\text{eff}}}}{n_{\text{eff}}}\right)\lambda_{\text{B}} \tag{3.22}$$

Die Wellenlänge, für die die FBG-Reflektivität maximal ist, ist also abhängig vom Verhältnis der durchschnittlichen Brechungsindexänderung zum effektiven Brechungsindex und um dieses Verhältnis verschoben zur ausgelegten Bragg-Wellenlängen λ_{B}.

Die spektrale Bandbreite des Gitters wird über die ersten Nullstellen der Reflektivität definiert. Normiert auf die Wellenlänge folgt

$$\frac{\Delta\lambda_0}{\lambda} = s\frac{\overline{\delta n_{\text{eff}}}}{n_{\text{eff}}}\sqrt{1+\left(\frac{\lambda_B}{s\,L\,\overline{\delta n_{\text{eff}}}}\right)^2} \tag{3.23}$$

Schwache Gitter sind darüber definiert, dass das Produkt aus Brechungsindexerhöhung und Kontrast sehr viel kleiner ist als das Verhältnis der Bragg-Wellenlänge zur Gitterlänge. Für schwache Gitter wird die spektrale Bandbreite zu

$$\frac{\Delta\lambda_0}{\lambda} \to \frac{\lambda_B}{n_{\text{eff}}L} = \frac{2}{N} \qquad \left(s\overline{\delta n_{\text{eff}}} \ll \frac{\lambda_B}{L}\right) \tag{3.24}$$

mit der Anzahl der Gitterebenen $N = L/\Lambda_{\text{FBG}}$. Folglich hängt die spektrale Bandbreite direkt hierbei von der Gitterlänge ab. Für *starke Gitter* folgt analog

$$\frac{\Delta\lambda_0}{\lambda} \to s\frac{\overline{\delta n_{\text{eff}}}}{n_{\text{eff}}} \qquad \left(s\overline{\delta n_{\text{eff}}} \gg \frac{\lambda_B}{L}\right). \tag{3.25}$$

D.h. bei starken Gittern durchdringt das geführte Licht das Gitter nicht mehr vollständig und die spektrale Breite hängt nur vom Gitterkontrast und dem Verhältnis der Brechungsindexänderung zum effektiven Brechungsindex ab und nicht mehr von der Gitterlänge.

Aus den vorgestellten mathematischen Beschreibungen der spektralen Eigenschaften von (monomodigen) uniformen FBG ergeben sich zusammenfassend folgende Abhängigkeiten, die auch in Abb. 3.1 dargestellt sind:

- Für schwache Gitter sind die spektrale Breite und die maximale Reflektivität abhängig von der Gitterlänge, während diese für starke Gitter unabhängig von der Gitterlänge sind (Abb. 3.1 (a),(b)).
- Bei steigendem Gitterkontrast s und konstanter durchschnittlicher Brechungsindexänderung steigen die maximale Reflektivität und spektrale Bandbreite proportional zum Kontrast, die Wellenlänge der maximalen Reflektivität bleibt unverändert (Abb. 3.1 (c), (d)).
- Steigt die induzierte durchschnittliche Brechungsindexerhöhung, erhöhen sich die maximale Reflektivität und die spektrale Bandbreite. Zusätzlich wird die Wellenlänge, bei der die maximale Reflektivität erreicht wird, zu längeren Wellenlängen hin verschoben (Abb. 3.1 (e), (f)).

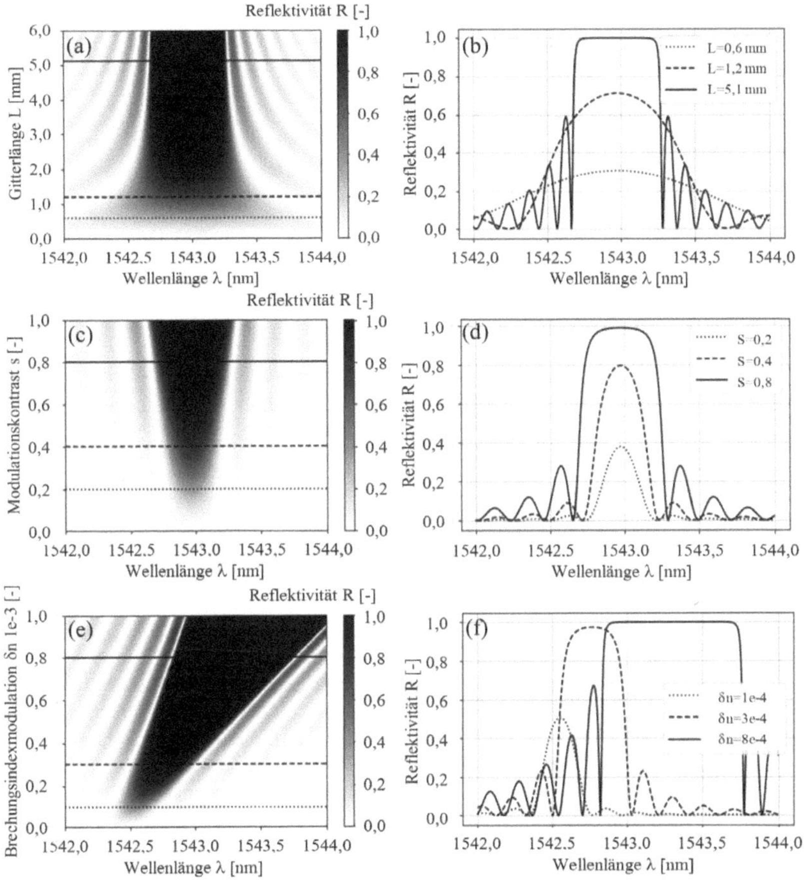

Abbildung 3.1.: Spektrale Reflektivität $R(\lambda)$ eines uniformen FBG berechnet für eine monomodige Faser mit dem Kernbrechungsindex n_{co}=1,44, der NA=0,22 und der FBG-Gitterperiode Λ_{FBG}=536,75 nm
(a), (b): $R(\lambda, L)$ für s=1, $\overline{\delta n_{eff}}$=0,5 · 10^{-3}
(c), (d): $R(\lambda, s)$ für L=4,0 mm, $\overline{\delta n_{eff}}$=0,5 · 10^{-3}
(e), (f): $R(\lambda, \overline{\delta n_{eff}})$ für s=1, L=4,0 mm.

3.1.5. Reflektivität von Faser-Bragg-Gittern in hochmodigen Fasern

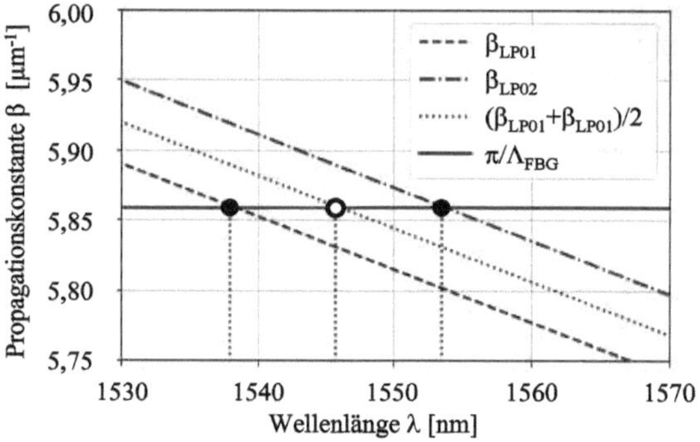

Abbildung 3.2.: Propagationskonstante der Kern-Moden LP_{01}, LP_{02} und Schnittpunkte mit einem FBG der Periode Λ_{FBG}=535 nm. •-Schnittstellen markieren die Moden-Selbstkopplung und ∘-Schnittpunkte Kopplung in die benachbarte Mode.

Der in Abschnitt 3.1.4 vorgestellte Ansatz der gekoppelten Wellen ist auf die Propagation und Kopplung einer Mode in sich selber begrenzt. In diesem Abschnitt wird vorgestellt, welche spektralen Eigenschaften das Fasergitter bei der gleichzeitigen Propagation verschiedener Moden im Faserkern aufweist. Zur Berechnung der Gitterreflektivität erfolgt die Aufstellung der Differentialgleichungen analog zu Abschnitt 3.1.2 für alle vorwärts- und durch Reflexion am Gitter rückwärtspropagierenden Moden LP_{lm}. Diese Herleitung ist ausführlich in [120] diskutiert.
Modenkopplung einer rückwärts propagierenden Mode in eine andere vorwärts propagierenden Mode tritt nur auf, wenn die Kopplungskonstante beider Moden nicht null ist (Gl. 3.12). Werden bspw. in einer Faser die Moden LP_{01}, LP_{11}, LP_{21}, LP_{02} und LP_{31} geführt, so tritt Modenkopplung bei gegenläufigen Moden nur zwischen LP_{01} und LP_{02} auf, da die Moden LP_{lm} mit unterschiedlicher Azimuthal-Ordnung l orthogonal sind und somit die transversale Kopplungskonstante (Gl. 3.12) Null wird. Zur Vereinfachung ist die folgende Betrachtung auf die Moden LP_{01} und LP_{02} begrenzt und Kopplung in Mantel-Moden wird vernachlässigt.

Durch die verschiedenen Propagationskonstanten der Moden (Gl. 3.2-3.4) erfüllt jede die Bragg-Bedingung bei einer anderen Wellenlänge (Abb. 3.2). Propagieren beide Moden mit gleicher Intensität in der Faser, weist das Reflexionsspektrum zwei getrennte Maxima auf (Abb. 3.3 (a)), die jeweils der Eigen-Kopplung der Moden entsprechen. Durch die Kopplung zwischen beiden Moden wird das Reflexionsspektrum durch ein weiteres deutlich geringeres Maximum zwischen beiden Maxima ergänzt. Die Höhe des Maximums der Zwischen-Kopplung ist abhängig von der Kopplungskonstante der Moden miteinander, welche sehr viel geringer ist als die Eigen-Kopplungskonstante. Wird das Gitter ausschließlich von einer Mode angeregt, bei

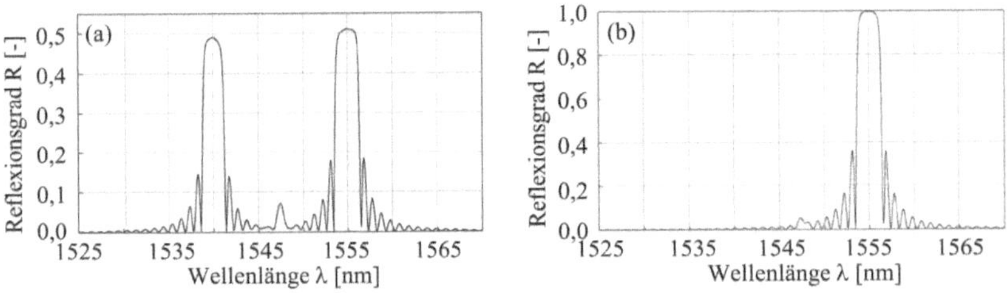

Abbildung 3.3.: (a) FBG-Reflexionsspektrum für die gleichzeitige Anregung durch die Moden LP_{01} und LP_{02}, (b) FBG-Reflexionsspektrum für die Anregung nur durch eine Mode (Abb. aus [120]).

der die Bragg-Bedingung erfüllt ist, wird diese Mode vollständig reflektiert und die Zwischen-Kopplung in die benachbarte Mode existiert weiterhin (Abb. 3.3 b)).

3.1.6. Fazit für das Vorhaben

Die Wellenlänge des Reflexionsmaximums wird im Wesentlichen von der FBG-Periode bestimmt und ist geringfügig abhängig vom Hub der Brechungsindexmodulation. Die Höhe des Maximums ist ebenfalls abhängig von der Brechungsindexmodulation sowie von der Gitterlänge.

Während für monomodige FBG spektrale und modale Reflektivität identisch sind, muss bei hochmodigen FBG zwischen den beiden Begriffen unterschieden werden. Durch die verschiedenen Propagationskonstanten in der hochmodigen Faser sind die Moden auch an jeweils andere Bragg-Wellenlängen gekoppelt. Wird ein R=1,0-Fasergitter für die Mode LP_{01} bei 1555 nm ausgelegt, so wird diese Mode vollständig am Gitter reflektiert.

Regen zwei Moden mit unterschiedlicher Propagationskonstante und gleicher Leistung das Gitter an, von denen nur bei einer Mode die Bragg-Bedingung mit R=1,0 erfüllt ist, wird folglich auch nur diese Mode reflektiert (Kap. 3.1.5). Da nur eine von zwei Moden reflektiert wird, reduziert sich die modale Reflektivität auf R=0,5, während die spektrale Reflektivität R=1,0 ist.

Für die Erzeugung von hoch-reflektierenden Faser-Gittern in hochmodigen Fasern gilt also zu beachten, dass für alle im Kern propagierenden Moden die Bragg-Bedingung erfüllt sein muss. Da ein FBG mit konstanter Gitterperiode diese Randbedingung nicht erfüllt, sind FBG mit gechirpter, also über die Gitterlänge variierender Gitterperiode, eine Möglichkeit, die Gitter-Reflektivität zu erhöhen (Kap. 4.1.4).

Weiterhin ist zu beachten, dass die hier vorgestellte Theorie nur unter der Annahme gilt, dass das Faser-Gitter homogen ist und vollständig den transversalen Durchmesser des Kerns abdeckt. Das zu entwickelnde Schreibverfahren muss daher auf die zu beschreibende Kerngeometrie abgestimmt sein.

3.2. Materialbearbeitung von Dielektrika mittels UKP-Laserstrahlung

Die Erzeugung von Brechungsindexmodulationen in Glas mittels UKP-Laserstrahlung ist abhängig von der Energiedeposition des Laserpulses im Material und von den damit zusammenhängenden physikalischen Prozessen. Im Folgenden werden die physikalischen Grundlagen der Photoionisation und der Stoß- und Avalanche-Ionisation erläutert, da dies die für diese Arbeit relevanten Ionisationsmechanismen sind, die der Brechungsindexmodifikation mittels ultrakurz gepulster (UKP-)Laserstrahlung im infraroten Wellenlängenbereich zugrunde liegen [24], [25], [121].

3.2.1. Ionisationsmechanismen, Energiedeposition und -absorption

Um eine permanente Materialmodifikation mittels Laserstrahlung zu erzeugen, muss eine hinreichend große Energie im Material deponiert werden, die von Elektronen absorbiert und dann über Elektronen-Phononen-Stoß-Prozesse in das Phononen-Gitter gekoppelt wird. Bei Dielektrika wie Quarzglas ist das Leitungsband unbesetzt und die Bandlücke zwischen Valenz- und Leitungsband beträgt typischerweise $E_{\mathrm{Gap}} > 3\,\mathrm{eV}$. Damit ein Elektron durch die Energie des absorbierten Photons ins Leitungsband angeregt wird, muss die Photonenenergie größer als die Bandlücke sein. Bei Laserwellenlängen $\lambda > 413\,\mathrm{nm}$ ist die Photonenergie $E_\gamma = hc\lambda^{-1}$ kleiner als die Bandlücke. Daher kann bei diesen Wellenlängen ein Elektron nicht durch lineare Absorption, also durch die Absorption eines Photons, in die Bandlücke angeregt werden. Folglich kann keine ausreichend große freie Elektronendichte erzeugt werden, um eine permanente Materialmodifikation durch Elektronen-Phononen-Stöße zu induzieren.
Überschreitet die Laserintensität eine materialabhängige Schwellintensität, findet Multiphotonenabsoption statt, also die simultane Absorption mehrerer Photonen durch ein Elektron [25], [122]. Die Anzahl N der simultan absorbierten Photonen ist so groß, dass die Summe der Photonenenergie größer ist als die Bandlücke $E_\gamma = N \cdot hc\lambda^{-1} > E_{\mathrm{Gap}}$, wodurch das Elektron in das Valenzband angeregt wird. Intensitäten der benötigten Größenordnung werden durch die Fokussierung von UKP-Laserstrahlung erreicht. Der zeitliche Verlauf (FWHM) der Intensität eines Gaußförmigen Laserpulses wird gemäß der Formel 3.26 beschrieben:

$$I(t) = I_0 \exp\left(-4\,\ln(2)\frac{t^2}{\tau^2}\right) = \frac{0,94\,E_{\mathrm{P}}}{\pi\,w_0\,\tau}\exp\left(-4\,\ln(2)\frac{t^2}{\tau^2}\right) \tag{3.26}$$

wobei I_0 die Spitzenintensität, τ die Pulsdauer, E_{P} die Pulsenergie und w_0 den Strahlradius bezeichnen. Für die Erzeugung von isotropen Brechungsindexänderungen liegt diese bei etwa $I_{\mathrm{Schwell}} > 2 \cdot 10^{13}\,\mathrm{W/cm^2}$ (Kap. 3.2.2). Die im Material ausgelösten, intensitätsabhängigen Ionisationsprozesse werden im Folgenden erläutert.

Photoionisation und Tunnelionisation

Die direkte Ionisierung eines Elektrons vom Valenzband ins Leitungsband durch die Absorption von Photonen wird Photoionisation (PI) genannt. Ist die Bandlücke geringer als die Energie des Photons, reicht ein Photon zur Ionisation aus (lineare PI), ist die Bandlücke größer, müssen mehrere Photonen simultan absorbiert werden. Dies ist ein nicht-linearer Prozess und wird Multiphotonenionisation (MPI) genannt (Abb. 3.4 (a)).

Durch die bei der Laserbearbeitung auftretenden großen elektrischen Feldstärke werden die elektrischen Potenziale der Atome verändert. Hierbei wird der Potentialtopf, der Elektronen an das Atom bindet, verzerrt oder unterdrückt. Dadurch erhöht sich die Wahrscheinlichkeit, dass Valenzelektronen durch den quantenmechanischen Tunneleffekt die Potentialbarriere mittels Tunnelionisation (TI) überwinden (Abb. 3.4 (b)).

Ob MPI oder TI auftritt, hängt im Wesentlichen von der Laserintensität im Fokus I, Laserfrequenz ω, Bandlücke E_{Gap} und dem Brechungsindex n sowie der Permittivität ϵ_0 des Dielektrikums ab, die zum Keldysh-Parameter zusammengefasst werden:

$$\gamma_K = \frac{\omega}{e}\sqrt{\frac{m\,c\,n\,\epsilon_0\,E_{\mathrm{Gap}}}{I}} \tag{3.27}$$

mit der reduzierten Ladung e und Masse m des Elektrons und der Lichtgeschwindigkeit c [123]. Für γ_K<1,5 ist TI dominant, für γ_K ≈1,5 tritt eine Mischform von TI und MPI auf und für γ_K >1,5 dominiert die MPI (Abb. 3.4).

Für das Schreiben von FBG beträgt die Intensität im Fokus typischerweise zwischen $2 \cdot 10^{13}\,\mathrm{W/cm^2}$ und $8 \cdot 10^{13}\,\mathrm{W/cm^2}$ (Kap. 3.2.2), der in dieser Arbeit eingesetzte Laser hat eine Emissionswellenlänge von 800 nm, Quarzglas eine Bandlücke von etwa 7,5 eV [123], einen Brechungsindex von $n_{800\mathrm{nm}}$=1,4533 [124] und die Permittivität ϵ_0=3,7 [125]. Damit liegt der Keldysh-Parameter der in dieser Arbeit diskutierten FBG-Schreibprozesse zwischen γ_K=1,8 und γ_K=0,9 und sowohl TI als auch MPI treten auf.

Avalanche-Ionisation

Avalanche-Ionisation bezeichnet die weitere Energieabsorption der quasi-freien Elektronen im Leitungsband über inverse Bremsstrahlung, gefolgt von Stoßionisation mit weiteren Elektronen.

Ein Elektron, das sich bereits im Leitungsband des Materials befindet, absorbiert weitere Laserphotonen nacheinander und wird dadurch zu höheren Energiezuständen im Leitungsband angeregt (Abb. 3.4 (d)). Dadurch vergrößert sich auch die kinetische Energie des Elektrons. Nach der zusätzlichen linearen Absorption von N Photonen in diesem Prozess, wobei N die kleinste Zahl ist, die die Beziehung $N\,E_\gamma = N\,h\,c\,\lambda^{-1} \geq E_{\mathrm{Gap}}$ erfüllt, übersteigt die Energie des Elektrons das Leitungsbandminimum um mehr als die Bandlückenenergie und das Elektron kann durch elastische Stöße genug Energie an noch gebundene Elektronen abgeben, um diese auch zu ionisieren (Abb. 3.4 (e)) [25], [123].

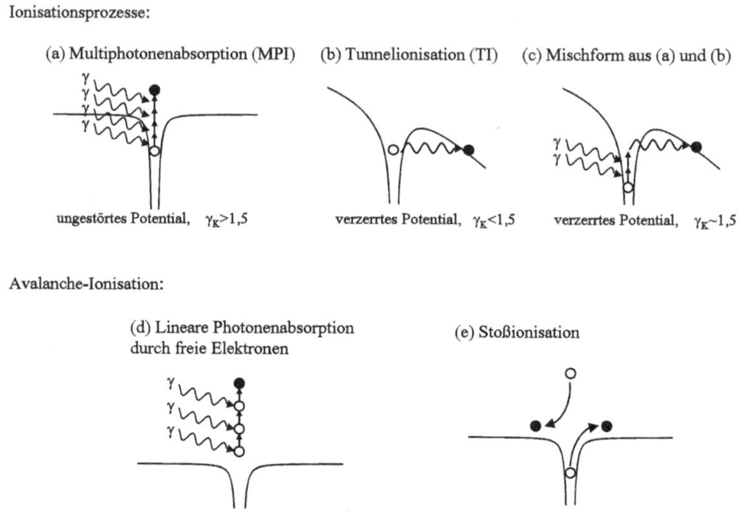

Abbildung 3.4.: Schematische Darstellung der nicht-linearen Photoionisationsprozesse:
(a) Multiphotonenabsorptionsprozess (MPI), (b) Tunnelionisation (TI) bei verzerrtem Potential, (c) einer Mischform aus (a) und (b), schematische Darstellung der Avalanche-Ionisation:
(d) lineare Photonenabsorption, (e) Stoßionisation
(Abb. frei nach [123]).

3.2.2. Klassifizierung der Brechungsindexmodifikationen in Glas

Wird UKP-Laserstrahlung so stark in Glas fokussiert, dass die materialabhängige Schwellintensität der nicht-linearen Absorptionsprozesse überschritten wird, finden Multiphotonenabsorption, Tunnelionisation und Avalanche-Ionisation statt (Kap. 3.2.1). Die dabei entstehenden permanenten, strukturellen Änderungen des Materials sind in drei Kategorien unterteilt und abhängig von der Laserintensität: isotrope Brechungsindexänderung bei geringen Intensitäten ($I{>}2 \cdot 10^{13}\,\mathrm{W/cm^2}$), doppelbrechende Brechungsindexänderung bei mittleren Intensitäten ($I{>}8 \cdot 10^{13}\,\mathrm{W/cm^2}$) und sogenannte Voids (dt. Hohlräume) bzw. Mikrorisse, die bei hohen Intensitäten ($I{>}30 \cdot 10^{13}\,\mathrm{W/cm^2}$) entstehen.
Aus periodischen Brechungsindexmodulationen bestehende Faser-Gitter werden abhängig von den ihrer Erzeugung zugrunde liegenden physikalischen Prozessen in die Klassen Typ I, Typ IA, Typ II, Typ IIA und Typ IIB eingeteilt. Die nachfolgend beschriebenen physikalischen Eigenschaften dieser Gittertypen werden durch ihre Wachstumsdynamik und durch Messung des thermisch induzierten Zerfalls abgeleitet [24], [26], [100], [126].

Faser-Gitter Typ I und Typ R

Faser-Gitter des Typs I in photosensitiven Gläsern bzw. Fasern werden bei geringen Intensitäten erzeugt. Die Modulationsstärke Δn des Brechungsindex steigt während der Belichtungszeit t proportional zu $\Delta n \propto \Delta n_{\max}(1 - \exp(-at))$ bis zu einem material- und laserparamaterabhängigen Sättigungswert $\Delta n_{\max}$. Die Konstante a ist proportional zur Laserphotonenenergie und der im Fokus erreichten maximalen Intensität[127]. In diesen Fasergittern sind die Verluste durch Streuung am Gitter oder Mantelmodenkopplungen vernachlässigbar, entsprechend sind das Reflexions- und das Transmissionssignal komplementär zueinander. Da zu der Brechungsindexänderung dieses Typs fast ausschließlich Farbzentren beitragen, bleichen die Gitter bereits bei 200 °C aus. Gitter des Typs I werden bei der Telekommunikation und in der Sensorik typischerweise bei Umgebungstemperaturen zwischen −40 und +80 °C eingesetzt.
Werden Typ I-Gitter durch hohe Temperaturen >500 °C ausgeheilt, können Gitter des Typs R (regenerierte Gitter) durch eine neue Konfiguration des Glases zurückbleiben. Sie weisen eine geringe Reflektivität auf, sind aber teilweise temperaturstabil bis zu 1000 °C [128].

Faser-Gitter Typ IA

Der Gittertyp IA, auch Typ IHp genannt, ist eine Unterkategorie des Typs I. Dieser Fasertyp tritt nach längerer UV-Belichtung von Standardgittern in wasserstoffbeladenen Germaniumsilikat-Fasern auf, kann jedoch ebenso in optische Quarzglasfasern eingetragen werden. Charakteristisch für den Gittertyp IA ist ein starke Rotverschiebung der Bragg-Wellenlänge, was darauf zurückzuführen ist, dass der mittlere Brechungsindex im Kern, verglichen mit anderen Gittertypen, stark erhöht ist (Gl. 3.22 in Kap. 3.1.4). Bei Germanium-dotierten Faser. beträgt die Rotverschiebung zwischen 15 nm und 20 nm und bei optischen monomodigen (Quarzglas) Fasern zwischen 5 nm und 8 nm, die Brechungsindexänderung beträgt bis zu 10^{-2}. Weiterhin haben Gitter des Typs IA einen geringen Temperaturkoeffizienten, wodurch sie sich besonders zur Temperaturkompensation eignen. Auch diese Gitter bleichen bei 200 °C aus, da sie, wie die Gitter des Typs I, vorwiegend aus Farbzentren bestehen [129].

Faser-Gitter Typ II

Bei Gittern des Typs II ist die Intensität im Fokusvolumen so hoch, dass das Glas lokal im Faserkern auf schmilzt, wieder erkaltet und dabei Brechungsindexmodulationen in der Größenordnung bis zu 10^{-3} entstehen. Bei diesem Vorgang entstehen häufig auch geringfügige physische Schäden im Kern-Mantelübergang. Durch die große ins Material eingebrachte Energie werden diese Gitter oftmals mit nur einem einzigen Laserpuls (Pulsdauer etwa 20 ns) geschrieben. Verglichen mit allen Gittern des Typs I ist das Reflexionsspektrum sehr breit und in Transmission werden alle Wellenlängen, die länger sind als die Bragg-Wellenlängen, transmittiert, während kürzere Wellenlängen partiell stark mit Mantelmoden gekoppelt werden und somit zu Verlusten zählen. Daher sind Reflexions- und Transmissionsspektrum nicht komplementär wie bei Typ I. Thermisch betrachtet sind diese Gitter die stabilsten Fasergitter, sie sind auch bei Temperaturen bis zu 800 °C über mehrere Stunden noch stabil [130].

Faser-Gitter Typ IIA

Das Reflexions- und Transmissionsspektrum der Typ-IIA-Gitter, auch Typ In genannt, ist identisch zu denen des Typs I. Das reflektierte und transmittierte Signal sind komplementär zueinander, ohne auftretende Verluste durch Kopplung an Mantelmoden. Typ-IIA-Gitter werden mit Belichtungszeiten von über 30 min. erzeugt und die Brechungsindexmodifikation basiert auf einer Kompaktierung der Glasmatrix. Bei Temperaturen um 500 °C beginnen die Gitter wieder auszubleichen. Verglichen mit Typ-II-Gittern besteht ihr Vorteil darin, dass das Signal nicht verlustbehaftet ist, und gegenüber Typ-I-Gittern sind sie deutlich stabiler unter thermischer Last. Der Nachteil gegenüber den anderen Gittertypen besteht jedoch in der langen Belichtungsdauer.

Die bekannten Gittertypen mit ihren Eigenschaften sind ausführlich in [128] auf S.4 aufgelistet.

3.3. Herstellungsverfahren von Faser-Bragg-Gittern

Die für die FBG-Herstellung erprobten Verfahren sind allgemein in direkte und indirekte Schreibverfahren unterteilt. Sie unterscheiden sich u. a. im Hinblick auf Flexibilität der Gitterperiode, Belichtungsdauer und der für die Modifikation benötigten Laserpulsenergie. Im Folgenden wird ein kurzer Überblick über diese Herstellungsverfahren mit verschiedenen Umsetzungsbeispielen gegeben.

3.3.1. Direkte Schreibverfahren

Bei den direkten Schreibverfahren, auch Punkt-zu-Punkt-Schreibverfahren (engl. point-by-point) genannt, wird die Laserstrahlung mit großer numerischer Apertur in den zu bearbeitenden Faserkern fokussiert und bis zur Erreichung der gewünschten Modifikationsstärke belichtet. Die Belichtungsrichtung ist senkrecht zur Faserachse. Danach wird die Faser entlang der Kernachse um die Länge der Gitterperiode Λ_{FBG} verschoben und der Prozess wird wiederholt (Abb. 3.5(a)).
Insbesondere bei lang-periodischen Faser-Bragg-Gittern mit Gitterperioden zwischen 100 µm und 1000 µm ist dieses Verfahren aufgrund der Flexibilität der geschriebenen Gitterperiode, -länge und radialen Geometrie vorteilhaft [105]. Nachteilig ist die hohe Anforderung an die Genauigkeit der Translationsachsen zur Einhaltung der einheitlichen Gitterperiode über die FBG-Länge, deren typische Gitterperioden in der Größenordnung von 1 µm oder darunter liegen.
Für ein stark fokussierendes Mikroskopobjektiv mit NA=0,45 ist die typische Pulsenergie für Punkt-zu-Punkt-Schreibverfahren etwa 1 µJ bei Pulsdauern im Bereich von 50 fs bis 150 fs [12], [23], [24], [97], [105]–[107].
Zur Auslegung eines solchen Systems wird die Größe des zu bearbeitenden Volumens über den gegebenen Laserstrahldurchmesser und die verwendete Brennweite definiert. Aus der gegebenen Pulsdauer und Brennweite folgt die nötige Laserpulsenergie, um im Fokus die Schwellintensität zur Erzeugung von isotropen Brechungsindexänderungen zu erreichen (Kap. 3.2.2).
Wird ein kollimierter Gaußstrahl mit der Wellenlänge λ_0, dem Radius w_0 und mit

Strahlqualität M^2 mit hoher numerischer Apertur NA und der Brennweite f in ein (planes) Quarzglassubstrat mit dem Brechungsindex n fokussiert, kann das bearbeitete Volumen mit dem Fokusvolumen des Lasers abgeschätzt werden.
Der Durchmesser des bearbeiteten Volumens entspricht etwa dem Taillendurchmesser $2w_f$. In Propagationsrichtung des Laserstrahls ist die Ausdehnung etwa doppelt so lang wie die Rayleigh-Länge z_R des fokussierten Laserstrahls:

$$w_f = \frac{M^2\,\lambda_0 f}{\pi\, w_0} \approx \frac{M^2\,\lambda_0}{\pi\, NA} \qquad z_R = n\frac{\pi\, w_f^2}{M^2\,\lambda_0} \approx n\frac{M^2\,\lambda_0}{NA^2}. \tag{3.28}$$

Wird anstelle eines planen Substrats der Brechungsindex einer Quarzglasfaser modifiziert, gilt zu beachten, dass der Laserstrahl durch den Fasermantel in den Kern fokussiert wird, und daher die gekrümmte Eintrittsfläche der Faser bei der Betrachtung des Schreibvorgangs beachtet werden muss. Für den Sonderfall, dass eine sphärische Wellenfront auf eine sphärisch Oberfläche eines Materials mit dem Brechungsindex n trifft und beide Krümmungsmittelpunkte übereinstimmen, tritt keine Brechung des Strahls an der Materialoberfläche auf. Bei der Herstellung von FBG ist die Eintrittsoberfläche der Faser nur in einer Achse gekrümmt und Strahlradius und Rayleigh-Länge ändern sich antiproportional zum Brechungsindex der optisch dichteren Faser [12]:

$$w_f \approx \frac{1}{n}\frac{\lambda_0}{\pi\, NA} \qquad z_R \approx \frac{1}{n}\frac{\lambda_0}{\pi\, NA^2}. \tag{3.29}$$

Stimmen die Krümmungen der einfallenden Wellenfront und der Eintrittsfläche nicht überein, führt dies zu Aberrationen und einer Vergrößerung des Fokusdurchmessers. Das ist insbesondere für Fokussierungen mit geringer NA zu beachten. Hierbei ist die Rayleigh-Länge des fokussierten Strahls oft in der Größenordnung des Faserdurchmessers selbst, und die auftretenden Defokussierungseffekte aufgrund der gekrümmten Eintrittfläche vergrößern das Fokusvolumen. Beim Schreiben von FBG mit großen radialen Durchmessern in entsprechend großen Faserkernen können diese Effekte jedoch vorteilhaft genutzt werden [131].
Um mittels dieses Punkt-zu-Punkt-Schreibverfahrens Gitter mit konstanter Gitterperiode in Massenproduktion herzustellen, findet die Fasertranslation zwischen den Laserpulsen zur Erzeugung der Brechungsindexmodifikation nicht in Intervallen statt, sondern mit einer konstanten Geschwindigkeit v, die so mit der Laserpulsrepetitionsate f_{rep} synchronisiert wird, dass die gewünschte Gitterperiode $\Lambda_{\mathrm{FBG}} = v\, f_{\mathrm{rep}}^{-1}$ entsteht. Für ein FBG der Länge 5 mm beträgt die Einschreibdauer typischerweise 10 s (Abb. 3.5(a))[132].
Um die geschriebene Brechungsindexmodifikation auf den Kern zu begrenzen, ist bei direkten Schreibverfahren besonders darauf zu achten, dass die relative Position der Faser zum Laserfokus während der Translation beibehalten wird. Eine unbeabsichtigte Ausdehnung des FBG auf den Mantel führt zu ungewollten Kern-Mantel-Modenkopplungen und damit zu Verlusten der in der Faser geführten Strahlung [12]. Eine Möglichkeit, die Genauigkeit bei der transversalen Justage zu erreichen, besteht darin, die zu beschreibende Faser in einer Glasferrule zu platzieren, diese in Immersionsöl zu fixieren und den Laser radial durch die Ferrule in den Kern zu fokussieren. Während des Schreibprozesses wird die Faser dann mit konstanter Geschwindigkeit durch die fixierte Ferrule gezogen [133].
Da die Zerstörschwelle des die Faser schützenden Polymermantels signifikant geringer ist als die Schwellintensität zur Brechungsindexmodifikation, wird der Mantel vor

dem Schreibvorgang entfernt. Da dieser jedoch zum Schutz der Faser insbesondere gegen Bruch bei Biegung dient, wird er danach wieder aufgetragen.
Wird das FBG direkt während des Faserziehprozesses geschrieben, ist im Vergleich zu den bisher beschriebenen Verfahren das Fasergitter und die Faser direkt nach der Herstellung mit dem Polymermantel zu beschichten und so fallen die sonst zusätzlich notwendigen Schritte der Mantelentfernung und des Wiederauftragens weg [100]. Der Schreibprozess ähnelt dem direkten Punkt-zu-Punkt-Schreibverfahren, wobei zur Einstellung der gewünschten Gitterperiode die Repetitionsrate des Schreiblasers an die Ziehgeschwindigkeit des Faserziehprozesses angepasst wird. Entsprechend sind die Vor- und Nachteile vergleichbar (ähnlich Abb. 3.5(b)).
Über eine interferometrische Anordnung können nicht nur einzelne Gitterebenen, sondern direkt ganze Gitter in den Faserkern geschrieben werden. Kommt dieses Verfahren direkt beim Faserzug zum Einsatz, ist die Gitterperiode über die Periode des Interferenzmusters festgelegt, und die Reflektivität wird über die Anzahl der hintereinander geschriebenen Gitter eingestellt. Die Aneinanderreihung der Gitter wird auch hier mit der Ziehgeschwindigkeit der Faser synchronisiert (Abbildung 3.5(b))[134]. Interferometrische Schreibverfahren werden im folgenden Kapitel 3.3.2 ausführlich beschrieben.

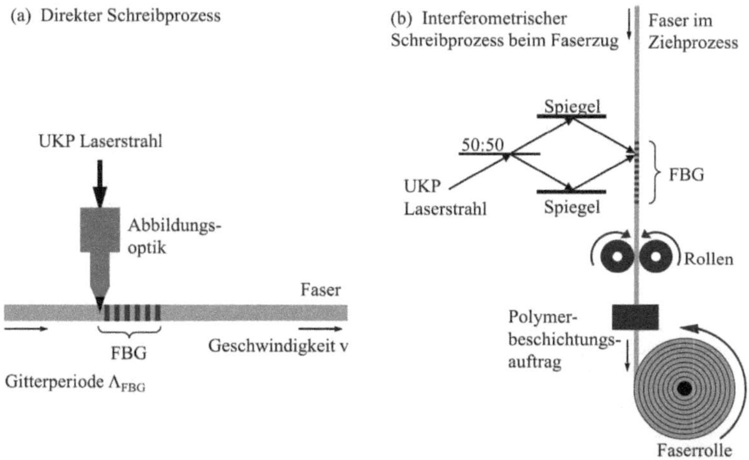

Abbildung 3.5.: (a) Schematische Darstellung eines direkten FBG-Schreibprozesses, bei dem UKP-Laserstrahlung mit hoher *NA* in die Faser fokussiert wird. Die Repetitionsrate f_{rep} und die Ziehgeschwindigkeit der Faser v sind so aufeinander abgestimmt, dass die Gitterperiode $\Lambda_{FBG} = v\, f_{rep}^{-1}$ entsteht.
(b) Schematische Darstellung eines FBG-Schreibprozesses der mittels eines interferometrischen Aufbaus direkt beim Faserziehprozess durchgeführt wird ((b) frei nach [100] (Abb. 3.20)).

3.3.2. Indirekte Schreibverfahren

Bei den indirekten Schreibverfahren, die auch zu den seitlichen Beleuchtungsverfahren zählen, wird die Periodizität der geschriebenen Brechungsindexmodifikation durch eine periodische Modulation der Intensität des Bearbeitungslasers induziert und nicht durch Verschiebung des Substrats wie bei dem direkten Schreibverfahren [22], [108], [111]. Die periodische Modulation in der Intensitätsverteilung wird typischerweise durch einen interferometrischen Aufbau erzeugt, und die eingeschriebene Gitter-Periode im Glassubstrat oder in der Glasfaser entspricht dabei genau der Periode des Interferenzmusters. Zur Maximierung des Energieeintrags in das Material wird durch eine Strahlformung, bspw. mittels einer Zylinderlinse, ein Linienfokus erzeugt, dessen Taillendurchmesser und Rayleigh-Länge die transversale Ausdehnung der Modifikation bestimmen. Entsprechend ist die Intensität der Linie der Länge nach mit der gewünschten Periode moduliert. Ohne den Einsatz von strahlablenkenden Strategien wird jede Gitterebene des FBG gleichzeitig erzeugt.
Aufgrund der hohen Reproduzierbarkeit der geschriebenen Gitterperiode ist die Methode insbesondere für die Serienfertigung geeignet.
Da dem indirekten Schreibverfahren die gleichen physikalischen Prozesse zugrunde liegen wie bei den direkten Schreibverfahren, werden auch hier eine Pulsdauer im Bereich von 50 fs bis 150 fs verwendet. Jedoch sind die Pulsenergien mit 200 µJ bis 500 µJ deutlich höher, da die vom Bearbeitungslaserstrahl beleuchtete Fläche größer ist, aber die zu erreichende Schwellintensität im Substrat unverändert bleibt [12], [106], [108]–[111].
Im folgenden werden verschiedene Aufbauten zur Realisierung des seitlichen Beleuchtungsverfahrens vorgestellt.

3.3.2.1. Phasenmasken-Interferometer I

Eine verbreitete Methode zur Erzeugung eines Interferenzmusters zum Schreiben von FBG besteht im Einsatz einer Phasenmaske [135]. Phasenmasken sind meist lithographisch hergestellte Gitter auf Quarzglassubstraten. Hierzu wird ein Quarzglassubstrat mit einer UV-absorbierenden Siliziumsuboxidschicht (SiO_x) beschichtet, deren Dicke auf die Phasenverzögerung abgestimmt ist. Die Schicht wird dann über einen klassischen lithografischen Belichtungs- und Ätzprozess, oder mittels UV-Laserbearbeitung gezielt abgetragen. Über einen nachgestellten Temperprozess wird die Suboxidschicht in eine UV-transparente Siliziumdioxidschicht (SiO_2) umgewandelt [136].

Bei den seitlichen Beleuchtungsverfahren wird die Phasenmaske mit der Gitterperiode Λ_{PM} als optisches Transmissionsgitter eingesetzt und fungiert als Strahlteiler für den Bearbeitungslaserstrahl. Hierbei wird die Phasenmaske beispielsweise unter einem Einfallswinkel von 0° im Strahl platziert, und der einfallende Strahl wird in Transmission zu gleichen Anteilen in die +1. und -1. Beugungsordnung geteilt. Zur Maximierung der in den Beugungsordnungen eingeschlossenen Leistungsanteile werden die direkt transmittierten Anteile (0. Beugungsordnung) durch das Riefendesign des Gitters auf <2% reduziert [137].
Direkt hinter dem Phasenmaskensubstrat ist die Intensität durch die sich überlagernden Beugungsordnungen periodisch moduliert. Dort wird die zu bearbeitende Faser platziert. Die erzeugte Gitterperiode des FBG Λ_{FBG} entspricht genau der Interfe-

renzperiode. Zur Maximierung des Energieeintrags bei gleichzeitiger Minimierung des transversalen Strahldurchmessers wird mittels einer Zylinderlinse ein Linienfokus erzeugt, dessen lange Achse parallel zur Zylinderachse des Faserkerns orientiert ist (Abb. 3.6). Die binäre Stufenform der Phasenmaske in der Abbildung dient nur Verdeutlichung, dass die Gitterstruktur auf der Austrittsseite des Substrat ist. Je nach Arbeitsweise einer Phasenmaske (Transmission +1./-1. Beugungsordnung oder 0./+1 Beugungsordnung) sind die Reifen unterschiedlich geformt.

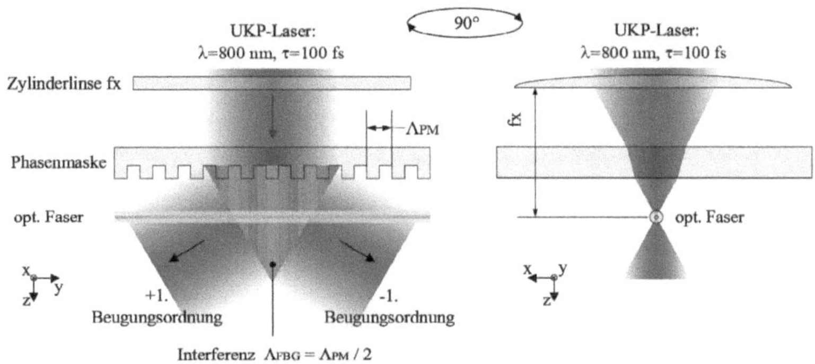

Abbildung 3.6.: Schematische Darstellung der Funktionsweise eines seitlichen Beleuchtungsverfahrens zur Herstellung von FBG, bei dem das Interferenzmuster mit einer Phasenmaske erzeugt wird.

Unabhängig von der Wellenlänge des Bearbeitungslasers beträgt die Interferenzperiode, bzw. die FBG-Periode die Hälfte der Phasenmaskenperiode $\Lambda_{\text{PM}} = 2 \cdot \Lambda_{\text{FBG}}$. Von der Laserwellenlänge λ_{Laser} hängt ab, mit welchem Winkel die Beugungsordnungen gebeugt werden. Dieser lässt sich über die Gitter-Gleichung berechnen, die in allgemeiner Form lautet:

$$m \cdot \lambda_{\text{Laser}} = d \cdot (\sin(\alpha_{\text{in}}) + \sin(\alpha_m)) \tag{3.30}$$

mit der Beugungsordnung m, dem zugehörigen Beugungswinkel α_m, dem Einfallswinkel α_{in} der Laserstrahlung auf das Gitter (hier die Phasenmaske) und der Gitterperiode d. Im Fall der seitlichen Beleuchtungsverfahren ist der Einfallswinkel α_{in}=0°, die Gitterperiode entspricht der Phasenmaskenperiode $d = \Lambda_{\text{PM}}$ und die betrachtete Beugungsordnung ist m=1:

$$\lambda_{\text{Laser}} = \Lambda_{\text{PM}} \cdot \sin(\alpha_1) \tag{3.31}$$

Daraus ist die Bedingung abgeleitet, dass die Wellenlänge des Bearbeitungslasers kleiner als die Gitterperiode der Phasenmaske sein muss, sonst findet keine Beugung an der Phasenmaske statt.

Eine weitere einzuhaltende Bedingung bei indirekten Schreibverfahren beschränkt den Abstand des zu beschreibenden Faserkerns von der Phasenmaske. Da bei Phasenmasken die Transmission der 0. Beugungsordnung nicht vollständig, sondern nur auf maximal 2%, unterdrückt ist, ist sie nicht zu vernachlässigen. Die 0. Beugungsordnung interferiert noch mit den anderen Ordnungen, wenn die Kohärenzlänge und die rein geometrische Überlagerung der Ordnungen dies zulassen. Aus der veränderten Interferenzmodulation im Vergleich zur reinen Zweistrahlinterferenz resultieren unerwünschte Effekte beim Schreiben des FBG [135], [138]. Als *Order-Walk-Off* (Δs) wird der Gangunterschied der 0. Beugungsordnung entlang der Phasenmaskennormalen beschrieben, den diese Ordnung im Vergleich zu den gebeugten Ordnungen in dieser Richtung erfährt (Abb. 3.7). Über die Gitterperiode der Phasenmaske Λ_{FBG} und die Wellenlänge des Bearbeitungslasers wird der Beugungswinkel der +1. und −1. Beugungsordnung über Gleichung 3.31 berechnet. Der Gangunterschied der 0. Ordnung folgt aus

$$\Delta s = s_0(1 - \cos(\alpha)). \tag{3.32}$$

Bei der Auslegung eines solchen Gitterschreibplatzes ist die Bedingung zu erfüllen, dass der Faserkern in einem Abstand zur Phasenmaske platziert werden muss, bei dem der Gangunterschied Δs der 0. Beugungsordnung größer als die Kohärenzlänge des eingesetzten Bearbeitungslasers ist, damit diese Ordnung nicht mit den genutzten Beugungsordnungen interferiert.

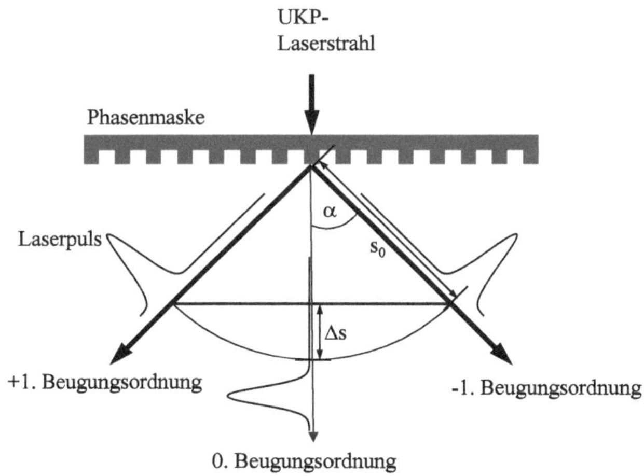

Abbildung 3.7.: Schematische Darstellung des Gangsunterschieds der 0. und ±1. Beugungsordnung zur geometrischen Erläuterung der Vermeidung von Interferenz der 0. Ordnung mit der genutzten Zweistrahlintereferenz aus +1. und −1. Beugungsordnung. (Abb. frei nach [12])

3.3.2.2. Phasenmasken-Interferometer II

Neben der in Abschnitt 3.3.2.1 beschriebenen Variante, direkt die Interferenz hinter dem Phasenmaskensubstrat für den Schreibvorgang zu nutzen, besteht ebenso die Möglichkeit, über weitere Strahlteiler und Spiegel Teilstrahlen des Bearbeitungslasers zur Interferenz zu bringen und diese Modulation der Intensität zum Schreiben des FBG zu nutzen.

Im Wesentlichen bleiben die oben genannten Vor- und Nachteile des indirekten Schreibverfahrens bestehen. Der Unterschied zur oben beschriebenen vereinfachten Anordnung ist die erhöhte Komplexität des optischen Aufbaus, meist bei höherer Flexibilität in der Einstellbarkeit der Interferenzperiode, einhergehend mit erhöhten Anforderungen an die Justagegenauigkeit. Ebenso wird eine Wechselwirkung mit der 0. Beugungsordnung an der Phasenmaske vermieden [100](S.65). Dies ist wichtig, wenn die Kohärenzlänge des Bearbeitungslasers so hoch ist, dass bei der Ausnutzung des Interferenzmodulation hinter der Phasenmaske der einzuhaltende Abstand Δs so groß wird, dass die Faser außerhalb der Interferenz platziert werden muss.
Die Umsetzung eines solchen Aufbaus erfolgt beispielsweise, indem die +1. und −1. Beugungsordnung nach der Phasenmaske mittels Umlenkspiegeln wieder überlagert werden (Abb. 3.8(a)). Durch Translation eines Spiegel wird bei Bedarf die Interferenz entlang der Faserachse um eine Strecke Δz verschoben, sodass die transmittierte 0. Beugungsordnung nicht mit der Modulation für den FBG-Schreibvorgang interferiert (Abb. 3.8(b)). Durch eine Verkippung der Faser um einen Winkel α werden FBG eingeschrieben, deren Gittervektor relativ zur Faserachse verkippt ist (Abb. 3.8(b)).

(a) Freistrahl-Interferenzaufbau zur Erzeugung von FBG

(b) Freistrahl-Interferenzaufbau mit Spiegelversatz zur Vermeidung von Einflüssen der 0. Ordnung und einer gekippten Faser zum Anwinkeln des FBG

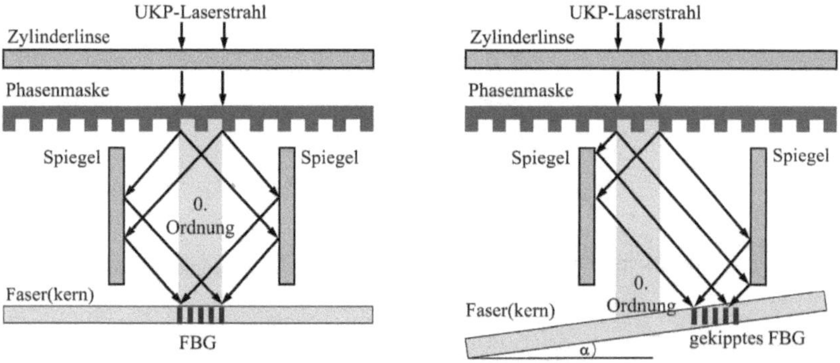

Abbildung 3.8.: (a) Schematische Darstellung eines Freistrahlinterferenzaufbaus zur Erzeugung von FBG.
(b) Gleicher Aufbau mit versetzten Spiegeln zur Vermeidung von Einflüssen der 0. Beugungsordnung auf die FBG-erzeugende Interferenz von +1. und −1. Beugungsordnung, sowie einer verkippten Faser zum Verkippen der FBG-Gitterebenen relativ zum Faserkern. (Abb. frei nach [100] (Abb. 3.7))

3.3.3. Temperaturbeständigkeit

Obwohl FBG als permanente Brechungsindexmodifikation bezeichnet werden, können diese ausbleichen, wenn sie hohen Temperaturen ausgesetzt werden, was zu einer

Reduktion oder dem vollständigen Auslöschen des Reflexionsgrades führt. Daher sind FBG-basierte Temperatursensoren oft nur einsetzbar bis 600°C [139]. Wie in Kapitel 3.2.2 beschrieben, werden mit UV-Laser geschriebene, insbesondere nicht-UKP-geschriebene, Gitter dem Typ I zugeordnet und mittels UKP-Lasern geschriebene Gitter dem Typ II.

Bei Typ-I-Gittern basiert die Brechungsindexmodifikation stark auf der Erzeugung von Farbzentren und anderen Defekten im Glas. Bei Farbzentren bspw. besetzt ein Elektron eine Leerstellen im Kristallgitter und absorbiert Strahlung im sichtbaren Wellenlängenbereich. Wird ein FBG des Typs I Temperaturen >200° ausgesetzt, nimmt die Gitter-Reflektivität mit der Zeit näherungsweise exponentiell ab (Abb. 3.9(a)). Dieser Effekt ist u. a. auf die Ausheilung der beim Schreibvorgang erzeugten Farbzentren zurückzuführen [26], [140]. Indem das FBG Temperaturen von etwa 200°C ausgesetzt wird, werden die Farbzentren, deren Ausheilung hauptursächlich zur schnellen Degradation beiträgt, gezielt ausgeheilt. Nach einem solchen Temperprozess degradiert der Reflexionsgrad zwar immer noch abhängig von der Temperatur, aber weniger stark [141].

Die der Brechungsindexmodifikation zugrunde liegenden physikalischen Prozesse von mittels UKP-Lasern geschriebenen Gittern unterscheiden sich von den mittels UV-Lasern geschriebenen Gittern. Mit UKP-Lasern geschriebene FBG werden meist dem Typ II zugeordnet, bei denen beim Schreibvorgang die erzeugten Defekte im Vergleich zu den nicht-linearen Absorptionsprozessen nur geringfügig zur Brechungsindexänderung beitragen. Entsprechend führt die Ausheilung dieser Defekte bei hohen Temperaturen nur zu einer geringen Reduzierung des Brechungsindex. Bei Gittern dieses Typs führt eine Erhitzung auf bis zu 700°C dazu, dass die Reflektivität erst geringfügig sinkt und dann wieder ansteigt. Die leichte Reduzierung der Reflektivität ist auf die Ausheilung von Defekten zurückzuführen, während der nachfolgende Anstieg mit der Auflösung Glas-interner Spannungen zusammenhängt, die während des Schreibprozesses entstehen, bei Erwärmung des Glases aber wieder gelockert werden (Abb. 3.9(b)) [140]. Mittels UKP-Lasern geschriebene FBG werden aufgrund ihrer Temperaturbeständigkeit bei Umgebungstemperaturen bis zu 900°C eingesetzt [105], [142].

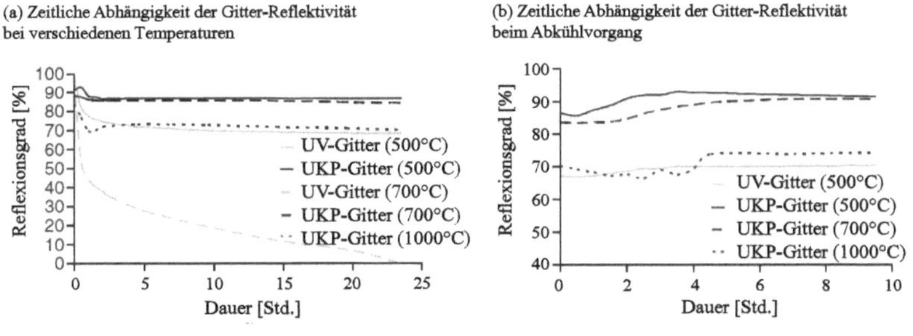

Abbildung 3.9.: Vergleich der temperaturabhängigen zeitlichen Änderung der Gitter-Reflektivität von mittels UV-Lasern geschriebene Gitter des Typs I und mittels UKP-Lasern geschriebenen Gittern des Typs II bei (a) Erhitzung und (b) beim Abkühlen (Abb. aus [140], Fig. 2.).

4. Herstellung von Faser-Bragg-Gittern in hochmodigen Fasern

Ziel des Kapitels ist die Erarbeitung eines experimentellen Schreibverfahrens für FBG in hochmodigen Fasern (MM-FBG). Als Grundlage dient dabei die theoretische Beschreibung der FBG-Reflektivität abhängig von den Gittereigenschaften (Kap. 3.1), die der UKP-Laser-induzierten Brechungsindexmodifikation zugrunde liegenden physikalischen Ionisationsprozesse (Kap. 3.2) sowie die aus dem Stand der Technik bekannten FBG-Herstellungsverfahren (Kap. 3.3). Das Vorgehen in diesem Kapitel ist in folgende Teilschritte gegliedert:

- Erweiterung eines in monomodigen Fasern erprobten (indirekten) FBG-Schreibverfahrens auf hochmodige Faserkerne mit Durchmessern >50 µm
- Erarbeitung einer Schreibstrategie mittels experimenteller Analyse der induzierten Brechungsindexmodifikationen abhängig von den Laserprozessparametern
- Validierung des entwickelten Schreiberfahrens mittels Faserstrukturierung und Charakterisierung der resultierenden spektralen Transmissionseigenschaften

Bei der Erzeugung von (MM-)FBG spielen verschiedene Einflussfaktoren eine Rolle, die bei der Entwicklung und Validierung der experimentellen Schreibverfahren betrachtet werden (Abb. 4.1). Dazu zählen u.a. die Laserparameter wie Pulsenergie und Pulsdauer sowie die räumliche Ausdehnung des FBG relativ zur Faserkerngeometrie.

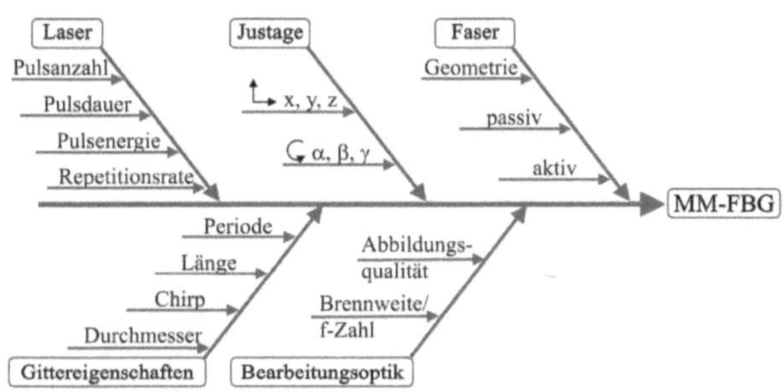

Abbildung 4.1.: Ishikawa-Diagramm der Einflussfaktoren auf die Erzeugung von MM-FBG.

4.1. Entwicklung eines indirekten Schreibverfahrens für FBG in hochmodigen Fasern

Das Gesamtziel dieser Arbeit ist die Herstellung von FBG für die Anwendung in Hochleistungsfaserlaser- und Laserdiodensystemen. Für beide Applikationen ist eine Variation der Bragg-Periode nachrangig, eine hohe Reproduzierbarkeit der geschriebenen Gitter und der Gitterperiode jedoch elementar zur Vergleichbarkeit der gemessenen spektralen Reflektivität. Als Grundlage dient daher das in Kapitel 3.3.2 vorgestellte indirekte Schreibverfahren mittels Phasenmaskentechnik. Zur Bearbeitung wird ein UKP-Laser der Fa. Coherent eingesetzt, dessen Pulsenergie bis zu 2 mJ bei 1000 Hz Repetitionsrate beträgt [143]. Die zu erzeugende Bragg-Wellenlänge der FBG wird auf λ_B=1075 nm festgelegt.

4.1.1. Ultrakurzpulslasersystem zum Schreiben der FBG

Zum Schreiben der FBG wird die UKP-Laserstrahlquelle Coherent Libra verwendet. Die Spezifikationen der Strahlquelle sind in Tabelle 4.1 zusammengefasst.

Parameter	Formelzeichen	Wert
Pulsenergie	E_{P}	2 mJ
Pulsdauer	τ	100 fs – 9 ps
mittlere Leistung	P	2 W
Puls-Repititionsrate	f_{Rep}	Einzelpuls, 1 – 1000 Hz
Wellenlänge	λ	800 nm
Beugungsmaßzahl	M^2	1, 2

Tabelle 4.1.: Spezifikationen der UKP-Laserstrahlquelle Coherent Libra, die zum Schreiben der FBG eingesetzt wird.

4.1.2. Auswahl der Phasenmaske

Die Basis für das indirekte FBG-Schreibverfahren mittels Phasenmaskentechnik ist die als Transmissionsgitter fungierende Phasenmaske (Kap. 3.3.2.1). Durch die Phasenmaske wird der unter 0° einfallende Laserstrahl in die +1. und -1. Beugungsordnung aufgeteilt, die Leistungsanteile in der 0. Beugungsordnung sind auf <4% unterdrückt. Im Folgenden werden drei Bedingungen hergeleitet, mit denen die Auswahl der Phasenmaskengitterperiode stattfindet. Das Auswahlverfahren ist grafisch in Abb. 4.2 zusammengefasst.

Der Beugungswinkel der transmittierten Ordnung m wird durch die allgemeine Gittergleichung beschrieben

$$m \cdot \lambda_{\mathrm{Laser}} = \Lambda_{\mathrm{PM}}(\sin(\alpha_0) + \sin(\alpha_m)) \Leftrightarrow \sin(\alpha_{\pm 1}) = \pm \frac{\lambda_{\mathrm{Laser}}}{\Lambda_{\mathrm{PM}}} \tag{4.1}$$

mit dem Einfallswinkel $\alpha_0 = 0°$, der Laser-Wellenlänge λ_{Laser}=800 nm, der Phasenmasken-Periode Λ_{PM} und dem bei der Beugungsordnung $m = \pm 1$ resultierenden

Beugungswinkel α_m. Da $\sin(\alpha) \leq 1$ gilt, folgt aus Formel 4.1 die erste Randbedingung zur Auswahl der Phasenmaske, ohne die keine Beugung des Bearbeitungslasers an der Phasenmaske stattfindet:

Bedingung 1: $\Lambda_{\mathrm{PM}} \geq \lambda_{\mathrm{Laser}}$

Die FBG-Periode Λ_{FBG} ist gleich der Interferenz-Periode hinter dem Phasenmaskensubstrat und beträgt $\lambda_{\mathrm{FBG}} = \Lambda_{\mathrm{PM}}/2$. Der allgemeine Zusammenhang zwischen Bragg-Bedingung und Phasenmasken-Periode lautet:

$$m \cdot \lambda_{\mathrm{B}m} = 2 \cdot n \cdot \Lambda_{\mathrm{FBG}} = n \cdot \Lambda_{\mathrm{PM}} \tag{4.2}$$

mit der Bragg-Wellenlänge $\lambda_{\mathrm{B}m}$, der Ordnung m und dem Brechungsindex des Faserkerns n. Zusammen mit Formel 4.2 ist eine alternative Formulierung der Bedingung 1:

Bedingung 1 (alternativ): $\Lambda_{\mathrm{B}m} \geq \frac{n}{m} \lambda_{\mathrm{Laser}}$

Wird der Überlappungsungsbereich der Beugungsordnungen hinter der Phasenmaske als gleichschenkliges Dreieck approximiert (Abb. 4.3), hängt die maximale Höhe $a_{\max}$ des nutzbaren Bearbeitungsbereichs vom Beugungswinkel des Laserstrahls an der Phasenmaske ab, $a_{\max} = w_0 \tan(\alpha_1)$. Daher beeinflusst der Abstand a der Faser zur Phasenmaske die Länge l des FBG:

$$l = w_0(a_{\max} - a)/a_{\max}. \tag{4.3}$$

Aus praktischen Gründen wird eine untere Grenze der nutzbaren Höhe des Bearbeitungsbereichs festgelegt:

Bedingung 2: $a_{\max} \geq 1,5\,\mathrm{mm}$

Da theoretisch unendlich viele Ordnungen für die Erfüllung der Bragg-Bedingung (Formel 4.2) existieren, gibt es ebenso viele Lösungen für die Phasenmasken-Periode (Abb. 4.2). Aus Bedingung 1 folgt, dass ein FBG mit der Bragg-Wellenlänge 1075 nm nicht in erster Ordnung mit dem Laser der Wellenlänge λ=800 nm geschrieben werden kann, da an der Phasenmasken mit der Periode
($\Lambda_{\mathrm{PM}} = \lambda_{\mathrm{B1}}/n$=741,6 nm) keine Beugung stattfindet. Aus der Bedingung 2 folgt, dass für den Aufbau nur die Ordnung m=2 eine gültige Lösung darstellt. Damit sind die Gitterperiode der Phasenmaske, der resultierende Beugungswinkel des Lasers und der maximale Bearbeitungsabstand hinter der Phasenmaske (berechnet für Quarzglas):

$$\Lambda_{\mathrm{PM}} = \frac{m}{n} \cdot \lambda_{\mathrm{B}} = \frac{2}{1{,}4495} \cdot 1075\,\mathrm{nm} = 1483{,}27\,\mathrm{nm}$$

$$\alpha_1 = \arcsin\left(\frac{\lambda_{\mathrm{Laser}}}{\Lambda_{\mathrm{PM}}}\right) = 32{,}64^\circ$$

$$a_{\max} = w_0 \cdot \tan(\alpha_1) = 1{,}92\,\mathrm{mm}$$

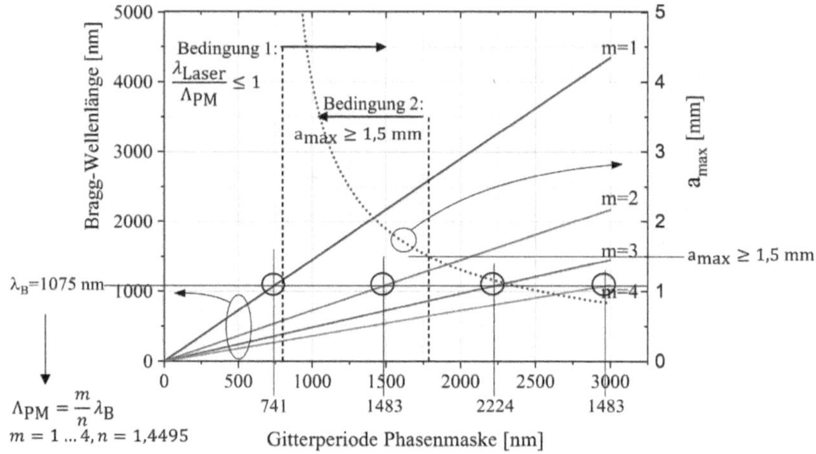

Abbildung 4.2.: Die Bragg-Wellenlängen bis m=4 und die Höhe des Bearbeitungsbereichs in Abhängigkeit der Phasenmasken-Periode. Die vertikalen gestrichelten Linien kennzeichnen Bedingung 1 und 2, ○ die Schnittpunkte für λ_{Bm}=1075 nm, gerechnet für n=1,4495 (Quarzglas bei 1075 nm).

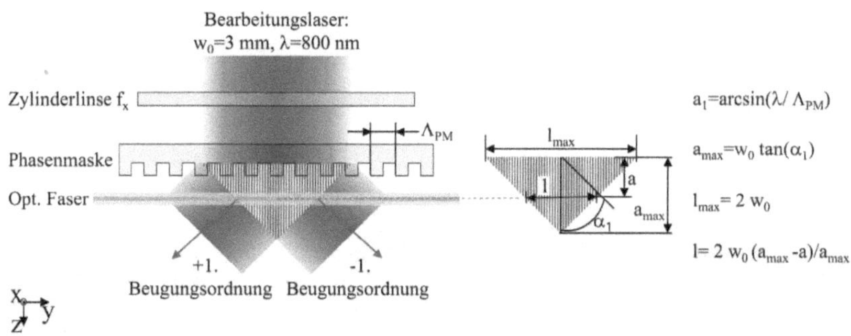

Abbildung 4.3.: Schematische Darstellung des Phasenmaskenprinzips zum Schreiben von FBG (Abb. 3.6) mit der Ausdehnung des nutzbaren Interferenz-Bereichs. Gekennzeichnet sind die FBG-Länge l, der Abstand a hinter der Phasenmaske und der Beugungswinkel α_1.

4.1.3. Intensitätsverteilung hinter der Phasenmaske

Zur Auslegung der Abstände der optischen und opto-mechanischen Elemente wird das FBG-Schreibverfahren mit einem Raytracing-Programm modelliert und der Verlauf der Intensitätsverteilung hinter der Phasenmaske analysiert. Durch die Phasenmaske wird der unter 0° einfallende Laserstrahl unter $32,64°$ in die ±1. Ordnungen in y-Richtung gebeugt, während die 0. Ordnung für das Optikdesign vollständig unterdrückt ist (Abb. 4.4). Gleichzeitig wird der Laserstrahl durch eine Zylinderlinse (f_x=20 mm) in x-Richtung fokussiert, um einen Linienfokus im Abstand d=200 µm hinter der Phasenmaskenebene zu erzeugen (Phasenmaskenebene z=0). Der Koordinatenursprung ist dabei so gewählt, dass z den Abstand zur Phasenmaske beschreibt und x=0, y=0 im Zentrum des Laserstrahls liegen. Der Faserkern wird auf bei x=0 und z=d positioniert. Der Verlauf des Strahlradius in x-Richtung entspricht dem Verlauf eines Gauß-Strahls

$$w_x(z) = w_\mathrm{f}\sqrt{1+\left(\frac{z-d}{z_\mathrm{R}}\right)^2} = w_\mathrm{f}\sqrt{1+\left(\frac{M^2\,\lambda_\mathrm{Laser}}{\pi\,w_\mathrm{f}^2}\right)^2(z-d)^2}$$

mit dem Taillenradius w_f des Linienfokus.

Der Verlauf der Intensitätsverteilung unter Vernachlässigung von Interferenzeffekten in y-Richtung bei x=0 ist stark abhängig vom gewählten Abstand z zur Phasenmaske (Abb. 4.5). Während das Strahlprofil in y-Richtung an der Phasenmaske noch Gaußförmig verläuft, flacht der Verlauf mit zunehmendem z ab, bis beide Beugungsordnungen bei z>a_max beginnen, getrennt zu propagieren. Für den FBG-Schreibprozess ist der Abstand z=1 mm geeignet, da die Intensitätsverteilung keine starke Überhöhung im Zentrum aufweist (Abb. 4.5). Für den Abstand der Faser zur Phasenmaske ist zu beachten, dass das Intensitätsmaximum stark mit zunehmendem z abnimmt. Bei z=1 mm bspw. beträgt die maximale Intensität nur noch etwa die Hälfte der bei z=0 mm erreichten maximalen Intensität.

Werden die Interferenzeffekte der sich überlagernden Teilstrahlen miteinbezogen, entspricht die entstehende Intensitätsverteilung der Einhüllenden aus Abb. 4.5(a) mit Sinus-Modulation (Abb. 4.6). Durch die konstruktive Interferenz ist das Interferenzmaximum um den Faktor 2 höher als das Intensitätsmaximum des einfallenden Rohstrahls. Die zu erkennenden Unregelmäßigkeiten der Interferenzmaxima sind auf die begrenzte Auflösung der Simulation zurückzuführen.

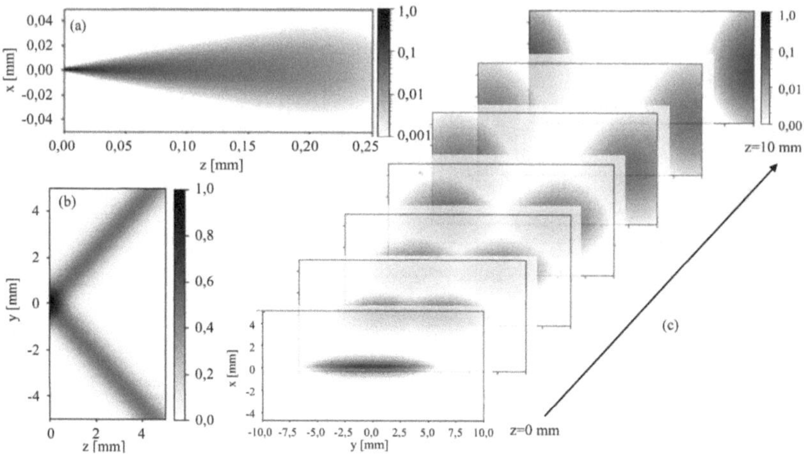

Abbildung 4.4.: Intensitätsverteilung der überlagernden Strahlungsanteile in der (a) x-z-Ebene (logarithmisch skaliert), (b) y-z-Ebene (linear skaliert) und (c) x-y-Ebene für äquidistante Propagationsabstände (z=1..10 mm, logarithmisch skaliert). Die Strahltaille in x-Richtung ist bei z=200 µm.

4.1.4. Experimenteller Aufbau

Die wesentlichen Bestandteile des experimentellen Aufbaus zum Schreiben der FBG in Faserkerne sind

- der UKP-Laser für die Materialbearbeitung
- die Phasenmaske zur Erzeugung der Zweistrahlinterferenz
- die Zylinderlinse zur Strahlformung eines Linienfokus
- Translations- und Rotationsachsen zur kollinearen Ausrichtung des Linienfokus zum Faserkern
- Translationsachsen (insbesondere in x-,z-Richtung), um in iterativen Schritten den Brechungsindex von Faserkernen mit großem Kerndurchmesser zu modifizieren.

Da die spektrale Analyse der FBG in verschiedenen Fasergeometrien und -durchmessern von Relevanz ist, ist der Aufbau modular konzipiert. Sowohl der Faserhalter, die Zylinderlinse als auch die Phasenmaske sind austauschbar (Abb. 4.7). Die Spezifikationen des verwendeten UKP-Lasers sind in Tabelle 4.1 gelistet, wobei die für das Schreibverfahren eingesetzte Pulsenergie mittels Reflexionsfiltern zwischen 0 und 2 mJ einstellbar ist.

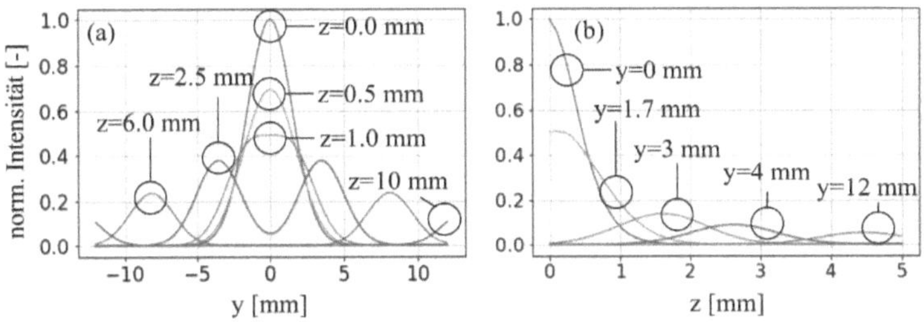

Abbildung 4.5.: Normierte Intensitätsverteilung bei x=0 (a) in y-Richtung für verschiedene Propagationsabstände in z-Richtung und (b) in z-Richtung für verschiedene y-Positionen.

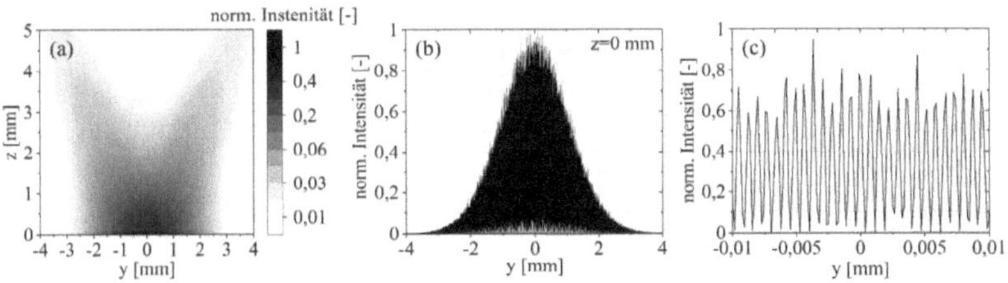

Abbildung 4.6.: (a) Normierte Intensität in y-z-Ebene bei x=0 mm, (b) normierte Intensität in y-Richtung bei x=0 mm und z=0 mm für den Bereich y=−4...4 mm und (c) Detailansicht der normierten Intensität aus (b) mit der erkennbaren Interferenzmodulation.

Bestimmung der Brennweite und der Ausdehnung des Bearbeitungsbereichs

Damit der modifizierte Bereich des Faserkerns begrenzt ist, wird die Intensitätsverteilung im Laserfokus so ausgelegt, dass nur innerhalb des Kernbereichs die Schwellintensität zur Materialbearbeitung überschritten wird. Diese beträgt für isotrope Brechungsindexänderungen in Quarzglas etwa $2 \cdot 10^{13}\,\mathrm{W/cm^2}$. Die erreichte Spitzenintensität überschreitet nicht den Schwellwert für anisotrope, doppelbrechende Brechungsindexmodifikation bei etwa
$8 \cdot 10^{13}\,\mathrm{W/cm^2}$ (Kap. 3.2.2). Beispielsweise ist bei der Laserpulsenergie E=400 µJ, der Pulsdauer τ=100 fs und der Brennweite f_x=20 mm die Spitzenintensität etwa $5 \cdot 10^{13}\,\mathrm{W/cm^2}$ und damit sowohl im zulässigen Bereich der Intensität zur Induzierung isotroper Brechungsindexmodifikation als auch innerhalb der durch den Laser erreichbaren Spezifikationen. Zur Berechnung der transversalen und axialen Ausdehnung des Bereichs, innerhalb dessen die Schwellintensität überschritten ist, wird das Strahlprofil entsprechend radial in x-,y- und axial in z-Richtung betrachtet:

$$I(r,z) = I_0 \left(\frac{w_\mathrm{f}}{w(z)}\right)^2 \exp\left(-\frac{2r^2}{w(z)^2}\right) \tag{4.4}$$

mit dem Strahlradius

$$w(z) = w_{\mathrm{f}}\sqrt{1+\left(\frac{z}{z_{\mathrm{R}}}\right)^2}$$

wobei die Rayleigh-Länge durch $z_{\mathrm{R}} = n\,\pi\,w_{\mathrm{f}}^2\,\lambda^{-1}$ und der Taillenradius des Linienfokus mit $w_{\mathrm{f}} \approx M^2\,\lambda\,f\,(\pi\,w_0)^{-1}$ gegeben sind.
Aus der Spitzenintensität I_0=5 · 10^{13} W/cm² folgt für die transversale Ausdehnung in x-Richtung für den unteren Grenzwert $I_x(r_x, 0)>1 \cdot 10^{13}\,\mathrm{W/cm^2}$:

$$I_x(r_x, 0) = I_0 \exp\left(-\frac{2r_x^2}{w_{\mathrm{f}}^2}\right) = 1 \cdot 10^{13}\,\mathrm{W\,cm^{-1}}$$

und somit der Radius r_x=1,8 µm. Die FBG-Länge entlang der Faserachse folgt aus der transversalen Ausdehnung des Laserstrahls in y-Richtung und wird analog zu r_x aus Formel 4.4 berechnet. Zur Vereinfachung wird die Interferenzmodulation vernachlässigt und nur die Gauß-förmige Einhüllende der Intensitätsverteilung betrachtet:

$$I_y(r_y, 0) = I_0 \exp\left(-\frac{2r_x^2}{w_0^2}\right) = 1 \cdot 10^{13}\,\mathrm{W/cm^2}$$

mit dem Rohstrahlradius w_0 (Tab. 4.1) und somit r_y=2,7 mm. Analog folgt aus

$$I_x(0, z_l) = I_0\left(\frac{w_{\mathrm{f}}}{w(z_l)}\right)^2 = I_0\left(1+\left(\frac{z_l}{z_{\mathrm{R}}}\right)^2\right)^{-1} = 1 \cdot 10^{13}\,\mathrm{W\,cm^{-1}}$$

die Ausdehnung in Strahlpropagationsrichtung z_l=40 µm.
Zusammenfassend ist die Ausdehnung des im Faserkern bearbeiteten Bereichs im

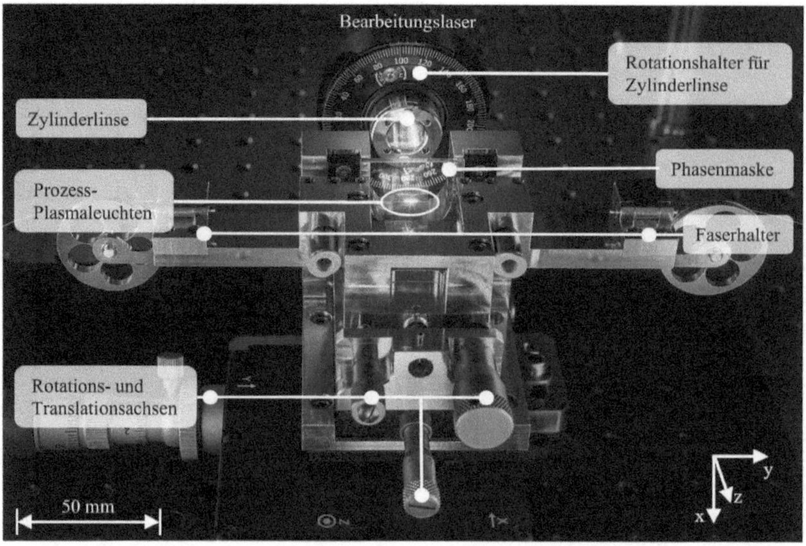

Abbildung 4.7.: Aufbau zur Erzeugung von FBG mittels Phasenmasken-Technik.

Faserquerschnitt etwa h_x=$2r_x$=3,6 µm, h_z=$2z_1$=80 µm und die Gitterlänge entlang der Faserachse etwa L_{FBG}=5,4 mm.
Diese Betrachtung bezieht sich auf die Intensitätsverteilung unmittelbar hinter der Phasenmaske.

Bestimmung der Phasenmaskenperiode

Beim Einsatz des FBG als faserintegrierter Resonatorauskoppelspiegel eines Faserlasers ist in Kap. 4.1.2 die ausführliche Herleitung der Phasenmasken-Periode Λ_{PM}=1483,27 nm für die geforderte Bragg-Wellenlänge λ_{B}=1075 nm (Kap. 5.2) gezeigt. Für den zweiten Anwendungsfall des FBG als externer Resonatorspiegel für die Frequenzstabilisierung von Hochleistungslaserdioden wird die Bragg-Wellenlänge abgestimmt auf das Emissionsspektrum der eingesetzten Laserdioden mit λ_{B}=976 nm spezifiziert (Kap. 5.1), welche mit der Phasenmaskenperiode Λ_{PM}=1345,56 nm erzeugt wird.
Wie in Kap. 3.1.5 aufgeführt, ist jede in einer hochmodigen Faser geführte Mode durch den zugeordneten, effektiven Brechungsindex an eine andere Bragg-Bedingung gekoppelt. Bei einer *gechirpten* Gitterperiode, bei der die Periode über die FBG-Länge variiert, wird die erzielte Reflektivität des Gitters erhöht, da mehrere Bragg-Bedingungen mit dem gleichen Gitter erfüllt werden. Soll ein sehr hoch reflektierendes FBG in einer hochmodigen Faser eingesetzt werden, ist zur Maximierung der Reflektivität daher erforderlich, möglichst viele Moden über die Variation der FBG-Periode anzusprechen.
Zur Berechnung der erforderlichen Gitterperiode und Chirp-Faktor wird angenommen, dass die Bragg-Bedingung für jeden erlaubten effektiven Brechungsindex $n_{\text{Mantel}} \leq n_{\text{eff}} \leq n_{\text{Kern}}$ erfüllt wird. Zur Übersetzung der Phasenmaskenperiode in die FBG-Periode gilt weiterhin $\lambda_{\text{FBG}} = \Lambda_{\text{PM}}/2$. Über die Bragg-Bedingung 2. Ordnung werden die Grenzwerte der Phasenmasken-Periode für eine Faser mit NA=0,1 und n_{Kern}=1,4573 ermittelt (Abb. 4.8):

$$\lambda_{\text{PM1}} = \frac{2\,\lambda_{\text{B}}}{n_{\text{Kern}}} = 1475{,}33\,\text{nm}, \qquad \lambda_{\text{PM2}} = \frac{2\,\lambda_{\text{B}}}{n_{\text{Mantel}}} = 1479{,}19\,\text{nm}$$

und mit einer FBG-Länge von etwa $L_{\text{FBG}} = 11$ mm die Chirp-Faktor C_r der Phasenmaske

$$C_r = \frac{\lambda_{\text{PM1}} - \lambda_{\text{PM2}}}{L} = 3{,}43\,\frac{\text{nm}}{\text{cm}}$$

bestimmt. Aus den gegebenen Grenzwerten $\Lambda_{\text{PM1,2}}$, der FBG-Länge L_{FBG}, der Gitterlänge $L > L_{\text{FBG}}$ und dem berechneten Chirp-Faktor C_{r} folgen die Gitterperioden am Rand des Gittersubstrats $\Lambda_{\text{PM0,3}}$ (Abb. 4.8).

Bestimmung des Mindestabstandes zur Phasenmaske

Bei der gewählten Brennweite von f_x=20 mm ist die Höhe des entstehenden Linienfokus $2w_{\text{f}}$=3,6 µm mit einer Intensitätsverteilung entlang der Linienlänge, die dem unveränderten Rohstrahl entspricht.
Der Mindestabstand des Faserkerns zum Phasenmaskensubstrat wird aus Formel 3.32, dem Order-Walk-Off bei der Kohärenzlänge L_{k} des Bearbeitungslasers in Luft

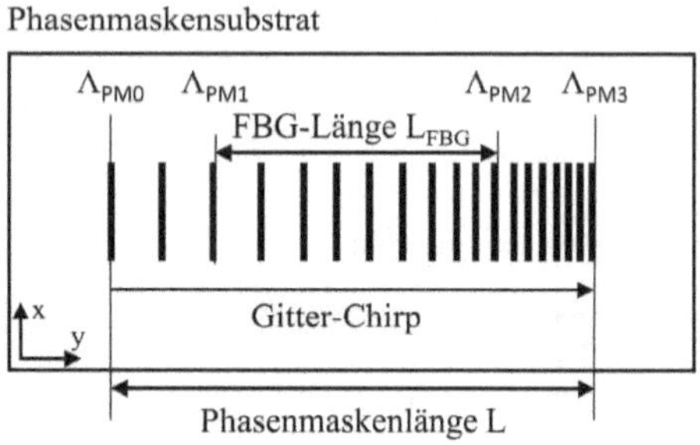

Abbildung 4.8.: Schematische Darstellung des Gitter-Chirps auf der Phasenmaske zur Ermittlung des Chirp-Faktors.

(n=1) (Kap. 3.3.2.1) bestimmt

$$L_\mathrm{k} = \frac{2\ln(2)}{\pi}\frac{\lambda^2_\mathrm{Laser}}{n\,\Delta\lambda_\mathrm{Laser}} = \frac{2\ln(2)}{\pi}\frac{c}{n\,\Delta f} = c\cdot\tau = 30\,\mu\mathrm{m}$$

mit der Lichtgeschwindigkeit c, der Laserpulsdauer $\tau = 100\,\mathrm{fs}$ und aus dem Transformationslimit $\Delta t\cdot\Delta f = 2\ln(2)\cdot\tau^{-1}$ für zeitlich und spektral Gauß-förmige Laserpulse der Pulsdauer τ und der spektralen Halbwertsbreite Δf. Zusammen mit Formel 3.32 folgt $\Delta s = s_0(1-\cos(\alpha_1)) > L$ und damit

$$s_0 > \frac{L_\mathrm{k}}{1-\cos(\alpha_1)} = \frac{30\,\mu\mathrm{m}}{1-\cos(32{,}64°)} = 190\,\mu\mathrm{m}. \tag{4.5}$$

Daher muss der Mindestabstand d_min des Linienfokus zum Schreiben des FBG zur Phasenmaske

$$d_\mathrm{min} = s_0\cdot\cos(\alpha_1) = 160\,\mu\mathrm{m}$$

betragen. Für die Entwicklung eines Schreibverfahrens von multimodigen Fasern werden kommerziell verfügbare Standardfasern mit dem Kerndurchmesser 105 µm, dem Manteldurchmesser 125 µm und der numerischen Apertur NA=0,22 eingesetzt.

4.2. FBG-Schreibstrategie und Laserprozessparameter

4.2.1. Scannendes Schreibverfahren

Um die zur Brechungsindexmodifikation benötigte Schwellintensität zu erreichen, wird der Bearbeitungslaser in x-Richtung fokussiert (Abb. 4.9 (a)). Da die Höhe der Fokuslinie in x-Richtung signifikant geringer ist als der zu beschreibende Faserkerndurchmesser, wird der transversal beschriebene Bereich in dieser Richtung mittels Scanschritten vergrößert. Insgesamt wurden zwei Strategien zur Erhöhung des transversalen FBG-Durchmessers erarbeitet.
Beim ersten Verfahren wird die Faser nach dem Schreiben des FBG linear um einen Wert Δx verschoben. An dieser neuen Position wird erneut ein FBG in den Kern geschrieben. Dieser Vorgang wird so oft wiederholt, bis der gewünschte FBG-Durchmesser in x-Richtung erreicht ist. Der Vorteil des Verfahrens besteht darin, dass gezielt verschiedene FBG-Durchmesser in x-Richtung erzeugt werden können, da die eingesetzten Linearachsen für Translationen in 1 µm-Schritten geeignet sind. Der Nachteil besteht darin, dass eine runde Kerngeometrie durch einfache lineare Verschiebung in x-Richtung nicht vollständig homogen beschrieben werden kann, da FBG einen ansatzweise rechteckigen Querschnitt aufweisen (Abb. 4.9 (b)).
Beim zweiten Verfahren wird die Faser nach dem Schreiben des ersten FBG um einen festen Winkel $\Delta\Theta$ um die Faserachse rotiert und der Schreibvorgang wiederholt. Diese Schritte werden wiederholt, bis der Faserkern insgesamt um 360° gedreht wurde (Abb. 4.9 (c)). Durch die Anpassung des Schreibverfahrens auf den runden Kernquerschnitt wird eine größere Fläche des Kerns beschrieben, ohne gleichzeitige Modifikation des Mantels. Ein Vergleich beider Verfahren wurde teilweise hier veröffentlicht [144]. Für eine möglichst hohe Reflektivität ist eine durchgehend, möglichst homogene Abdeckung des Faserkerns im Querschnitt erforderlich. Dies ist bei der Auswahl der Laserparameter für Fokusdurchmesser und transversalen bzw. angularen Abständen der Einschreibschritte zu beachten.

4.2.2. Einfluss der Laserprozessparameter auf die Ausdehnung der Brechungsindexmodifikation

Über die gewählte Kombination aus Laserpulsenergie und Bearbeitungsbrennweite f_x wird sichergestellt, dass die zur Induzierung einer isotropen Brechungsindexänderung notwendige Schwellintensität überschritten wird (Kap. 4.1.4). Zu den Laserprozessparametern, die den FBG-Schreibprozess definieren, zählen die Laserpulsdauer τ, -energie E_P, -repetitionsrate f_{Rep} und die Anzahl der Laserpulse, welche das Produkt aus Belichtungsdauer t_{exp} und Pulsrepetitionsrate ist. Aufgrund der geringen Repetitionsrate tritt keine Puls-zu-Puls-Wechselwirkung im Glas auf, da das Elektronen-Gitter zwischen den Einzelpulsen ausreichend relaxiert und somit keine Wärme-Akkumulation im Material stattfindet [145]. Die Repetitionsrate ist kein relevanter Einflussparameter auf die entstehenden Brechungsindexmodifikationen. Zur qualitativen Analyse, welchen Einfluss Laserpulsenergie und Belichtungsdauer auf die Ausdehnung und Form der Brechungsindexmodifikationen haben, werden Brechungsindexmodifikationen unter Variation dieser Parameter in Quarzglaswürfel geschrieben und mittels Polarisationskontrastmiksokopie (PKM, Anh. A.1) ausgewertet. Durch PKM wird nur die Form und Ausdehnung der Brechungsindexänderung

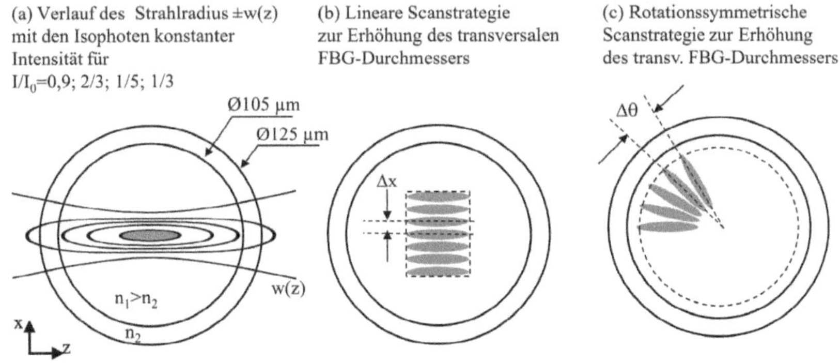

Abbildung 4.9.: (a) Verlauf des Strahldurchmessers $\pm w_x(z)$ und der Isophoten konstanter Intensität $(I/I_0 = 0,9; 2/3; 1/2; 1/3)$ *Hier:* Brechungsindexmodifikation wird für $I \geq 0,9 I_0$ erzeugt (Darstellung nicht maßstabsgetreu), Prinzipskizze der (b) linearen und (c) rotationssymmetrischen Scanstrategie zur Erhöhung des transversalen FBG-Durchmessers.

detektiert, jedoch kann keine quantitative Aussage über den eingeschriebenen Brechungsindexhub getroffen werden.
Bei der folgenden Auswertung beträgt die Fokussierungsbrennweite f_x=20 mm, die Laserpulsdauer τ=100 fs und die Laserpulsrepetitionsrate f_{Rep}=1 kHz, die Orientierung des Koordinatensystems der PKM-Aufnahmen entspricht der aus Abb. 4.9.

Anzahl der Laserpulse und Artefaktbildung

Bei einer Erhöhung der Anzahl der Laserpulse wird zunächst die longitudinale und transversale Ausdehnung der Brechungsindexmodifikation erhöht (Abb. 4.10 (a), $60 \cdot 10^3$ bis $500 \cdot 10^3$ Pulse), was darauf zurückzuführen ist, dass die durch jeden Puls im Material deponierte Energie zu einer weiteren Brechungsindexmodifikation beiträgt. Ab zirka $500 \cdot 10^3$ Pulsen wird jedoch eine Artefaktbildung beobachtet (Abb. 4.10 (a), $\geq 1000 \cdot 10^3$ Pulse). Hier tragen weitere Pulse nicht mehr hauptsächlich zur gezielten Brechungsindexerhöhung bei, sondern werden am Volumen mit bereits erhöhtem Brechungsindex gestreut und induzieren eine weitere Brechungsindexänderung neben der beabsichtigten. Daraus wird die Obergrenze N der Bearbeitungspulsanzahl bei E=0,5 mJ

$$N_{0,5\text{mJ}} < 1000 \cdot 10^3$$

abgeleitet. Für die Reflektivität von MM-FBG ist zu erwarten, dass diese Reflektivität abhängig von der Bearbeitungspulsanzahl bis zu einem energieabhängigen Schwellwert steigt und sich danach nur noch leicht ändert oder sogar vollständig sättigt. Eine weitere Erhöhung der Pulsanzahl trägt nicht mehr zur Erhöhung der Reflektivität bei und kann sogar durch induzierte Materialspannungen zur Reduzierung der Transmission führen.

Laserpulsenergie und Selbstfokussierung

Hierzu wird die Anzahl der Laserpulse auf $N = 300 \cdot 10^3$ gesetzt, während die Pulsenergie variiert wird. Auch die Erhöhung der Pulsenergie führt zu einer Vergrößerung der Ausdehnung der Brechungsindexänderung (Abb. 4.10 (b), E=0,35 mJ und E=0,5 mJ), welche darauf zurückzuführen ist, dass die zur Modifikation nötige Schwellintensität innerhalb eines größeren Fokusvolumens überschritten wird (Kap. 4.1.4). Wird die Energie weiter erhöht, entstehen die bereits bekannten Artefakte durch Streuung der Laserpulse am zuvor modifizierten Volumen. Daraus folgt, dass das Sättigungsverhalten der induzierten Brechungsindexerhöhung abhängig von der Laserpulsenergie ist und bei steigender Energie bereits bei einer geringeren Anzahl von Laserpulsen zu beobachten ist.

Weiterhin findet durch die hohe Intensität bereits etwa 100 µm vor dem Fokus Selbstfokussierung aufgrund des nicht-linearen Kerr-Effekts statt, gefolgt von einer (Plasma-) Defokussierung aufgrund einer großen freien Elektronendichte (Abb. 4.10 (b), E=0,7 mJ) [25], [146]. Wird durch die Selbstfokussierung die Schwellintensität für Brechingsindexmodikafikationen überschritten, erfolgt eine unerwünschte Änderung des Brechungsindex. Beim Schreiben von FBG führt dieser Effekt zur ungewollten Modifikation des Fasermantels, wodurch die FBG-Transmission sinkt, da im Kern geführtes Licht über die Störung in den Mantel gekoppelt wird. Da für Pulsenergien unterhalb von E=0,35 mJ keine Modifikation bei der PKM zu erkennen ist, wird die Laserpulsenergie auf den Bereich

$$0{,}35\,\mathrm{mJ} \leq E_\mathrm{P} < 0{,}7\,\mathrm{mJ}$$

für die Pulsanzahl von $N = 300 \cdot 10^3$ festgelegt. Für eine größere (kleinere) Anzahl von Pulsen verschiebt sich das Pulsenergieintervall entsprechend hin zu kleineren (größeren) Energien.

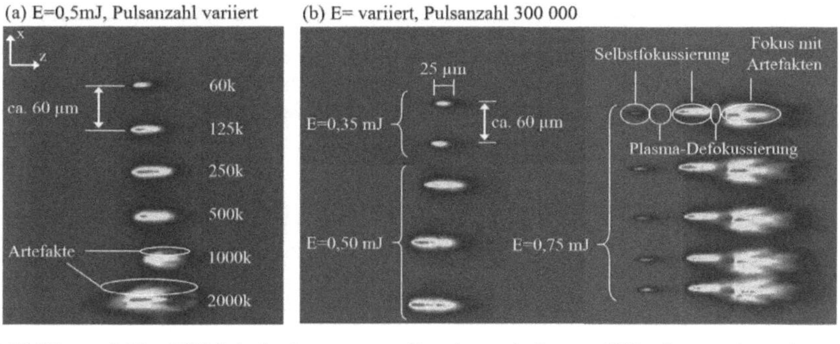

Abbildung 4.10.: PKM-Aufnahme von Brechungsindexmodifikationen in einem Quarzglassubstrat.
(a) Variation der Pulsanzahl von $60 \cdot 10^3$ bis $2 \cdot 10^6$ bei der Pulsenergie E=0,5 mJ, (b) Variation der Pulsenergie E=0,35 mJ, E=0,5 mJ, E=0,7 mJ mit $300 \cdot 10^3$ Bearbeitungspulsen.

Homogenität der Brechungsindexmodifikation

Da zur Maximierung der FBG-Reflektivität der transversale Querschnitt des FBG den Faserkern homogen überdecken muss (Kap. 3.1.4), ist die Anwendung einer scannenden Schreibstrategie für Faserkerne nötig, wenn der Kerndurchmesser signifikant größer ist als der Fokusdurchmesser (Kap. 4.2.1) der Fokuslinie. Wird der transversale Versatz Δx der einzelnen Scanschritte (Abb. 4.9(b)) zu groß, bleiben Bereiche des Faserkerns unbearbeitet. Für die Pulsenergie von E=0,5 mJ ist die Schwellintensität zur Brechungsindexmodifikation im Fokus überschritten innerhalb des Radius r_x<1,8 µm (Kap. 4.1.4). Sind die Scan-Schritte in x-Richtung größer als 4 µm, ist die mittels linearer Scan-Strategie geschriebene Brechungsindexmodifikation in x-Richtung inhomogen. Bei den gewählten Parametern ist die mittels PKM gemessene Brechungsindexmodifikation für Δx=3 µm homogener als bei größeren Scan-Schritten (Abb. 4.11). Zur Erzeugung hoher FBG-Reflektivitäten wird die Scanschrittweite vorzugsweise auf Δx=3 µm gesetzt.

E=0,5mJ, Pulsanzahl 120 000; Scanschrittweite variiert

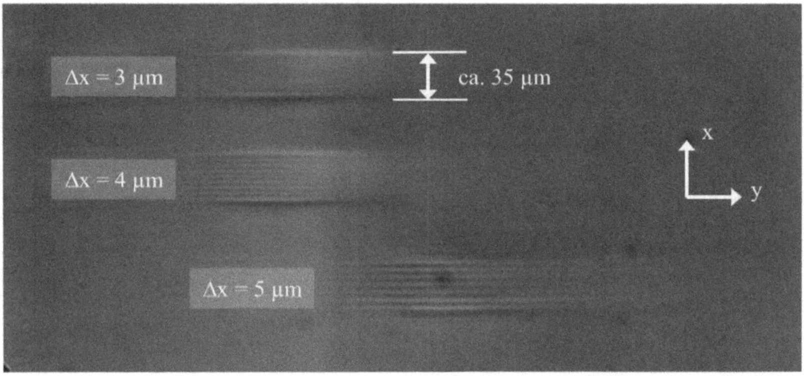

Abbildung 4.11.: PKM-Aufnahme von Brechungsindexmodifikationen in einem Quarzglassubstrat. Bearbeitungsparameter sind: Energie E=0,5 mJ, 300000 Bearbeitungspulse und 100 fs Pulsdauer.

4.2.3. Experimentelle Bestimmung der FBG-Reflektivität in Abhängigkeit von den Laserparameter

Zur Messung der spektralen Transmissionseigenschaften eines FBG in einer hochmodigen Faser (MM-FBG) wird das Transmissionsspektrum einer unbearbeiteten Faser mit dem einer Faser mit MM-FBG verglichen (Abb. 4.12). Als breitbandige Signalquelle wird eine Weißlichtquelle eingesetzt und zur Messung des Spektrums ein hochauflösender optischer Spektrumanalysator (Yokogawa AQ6376, Messbereich 1500 bis 3400 nm, Genauigkeit ±0,5 nm, Auflösung 0,1 bis 2 nm). Fungiert das FBG in einer aktiven Faser als Resonatorauskoppelspiegel oder in einer passiven Faser als wellenlängenselektives Rückkoppelelement für Laserdioden, fungiert der entsprechende Laser als Signalquelle, und bei der Transmissionsmessung wird neben dem Spektrum auch die optische Ausgangsleistung gemessen.
Zur Erarbeitung des grundlegenden Verständnisses der Einflüsse der verwendeten Laserpulsparameter auf die spektralen Eigenschaften des FBG werden die Einflussparameter unabhängig voneinander variiert und die spektralen Transmissionseigenschaften des FBG gemessen. Im Hinblick auf die Anwendung der FBG als Frequenzstabilisierungselement für Laserdioden und als Resonatorendspiegel von Faserlasern ist sowohl die Einstellbarkeit der Reflektivität bei der gewünschten Bragg-Wellenlänge als auch die Maximierung der Transmission von Relevanz.
Verwendet wird eine passive, hochmodige Faser mit einem Quarzglas-Kern mit dem Durchmesser 105 µm, einem Fluor-dotiertem Mantel mit dem Durchmesser 125 µm und der NA=0,22. Teile dieser Analyse wurden bereits in [44] veröffentlicht.

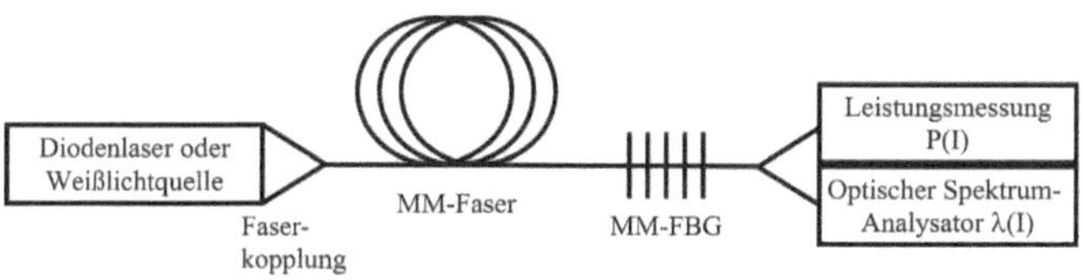

Abbildung 4.12.: Schematische Darstellung der spektralen Transmissionsmessung für FBG bestehend aus einer Weißlichtquelle oder einer Laserdiode als Signalquelle, einer hochmodigen Faser mit dem eingeschriebenen, zu untersuchenden MM-FBG, einem optischen Spektrumanalysator und einem Leistungsmessgerät für die transmittierte optische Leistung.

Einfluss der Anzahl der Laserbearbeitungspulse auf die FBG-Reflektivität

Bei FBG, die mit der Pulsenergie E=0,28 mJ bei der Variation der Bearbeitungspulsanzahl zwischen N=1 bis $2 \cdot 10^6$ geschrieben werden, steigt die Reflektivität bis zu einer Bearbeitungspulsanzahl N=$5 \cdot 10^5$ und bleibt danach nahezu konstant (Abb. 4.13). Das Verhalten entspricht den Erwartungen aus der qualitativen Analyse der Brechungsindexmodifikationen in Quarzglaswürfeln: ab einem energieabhängigen Schwellwert der Pulsanzahl trägt eine weitere Erhöhung der Anzahl nicht mehr zu einer Erhöhung der Reflektivität bei (Abb. 4.10). Dass die Reflektivität bei weiter steigender Pulsanzahl wieder sinkt ist der Unsicherheit der Reflektivitätsmessung von ±0,01 zuzuschreiben (Anh. A.2). Zur Verdeutlichung ist die Unsicherheit auf die Reflektivitätsbestimmung hier einmalig dargestellt. Da diese konstant bleibt, wird in allen weiteren Reflektivitätsmessungen auf die Darstellung der Unsicherheit zugunsten der Übersichtlich verzichtet.
Um zeiteffizient und kostengünstig FBG zu schreiben, ist der Schwellwert, ab dem die Reflektivität nahezu unverändert bleibt, zu bestimmen. Darüber hinaus im Material deponierte Energie trägt nicht mehr zur Vergrößerung der Reflektivität bei, kann jedoch zu mechanischen Verspannungen führen, die sich negativ auf die spektrale Transmission, die Lebensdauer und die mechanische Robustheit der Faser auswirken.

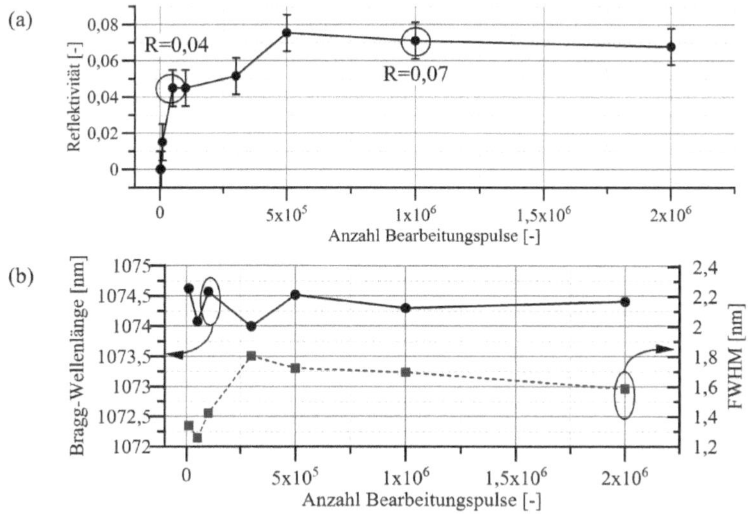

Abbildung 4.13.: (a) Abhängigkeit der FBG-Reflektivität (Unsicherheit $\pm 0,01$), (b) der spektralen Halbwertsbreite (FWHM) und der Bragg-Wellenlänge von der Anzahl der Bearbeitungspulse
(Sonstige Parameter: E=0,28 mJ, τ=100 fs, transversaler FBG-Durchmesser in x-Richtung 25 µm (entspricht 5 Scan-Schritten mit Δx=5 µm), f=20 mm). Nicht dargestellt: Transmission der Proben variiert zwischen 0,90 und 0,99, unabhängig von der Bearbeitungspulsanzahl. Mit ○ gekennzeichnet: FBG mit R=0,04 und R=0,07 für die Frequenzstabilisierung einer Laserdiode (Kap. 5.1.1).

Einfluss des transversalen FBG-Durchmessers auf die FBG-Reflektivität

Da die Reflektivität des FBG direkt abhängig ist von der Überdeckung der in der Faser propagierenden Moden mit dem FBG-Querschnitt, ist zu erwarten, dass die Reflektivität mit steigendem transversalen FBG-Durchmesser auch steigt (Kap. 3.1.2 Formel 3.12). Den mathematischen Beschreibungen der spektralen Eigenschaften von FBG liegt die Annahme zugrunde, dass das FBG homogen über den Kernquerschnitt geschrieben ist. Bei einer Verschlechterung der Homogenität ist eine Reduzierung der Reflektivität zu erwarten. Weiterhin wurde bei den qualitativen Analysen der Brechungsindexänderung in Quarzglaswürfeln gezeigt, dass beim Scannen in x-Richtung mit Schrittweiten von Δx=3 µm die beste Homogenität erreicht wurde.
Die Messung der spektralen Transmissionseigenschaften von FBG, die mit steigender Anzahl der Scanschritte in x-Richtung bei konstanter Pulsenergie
E=0,5 mJ, Pulsdauer τ=100 fs, Pulsanzahl N=60 000, Brennweite f=20 mm geschrieben wurden, entspricht der Erwartung. Die Reflektivität steigt sowohl mit dem transversalen Durchmesser als auch mit der verbesserten Homogenität der Brechungsindexmodifikation (Abb. 4.14). Bei steigendem FBG-Durchmesser sinkt die Transmis-

sion des FBG aufgrund von Streuverlusten. Diese entstehen einerseits durch verstärkte Induzierung von Materialspannungen bei höheren FBG-Durchmessern und durch Kern-Mantel-Modenkopplung, wenn das FBG in den Randbereichen bis in den Fasermantelbereich ragt. Bei der Bearbeitung mit kleineren Scanschritten wird zwar die Homogenität verbessert, aber zur Abdeckung des gleichen Durchmessers werden über 50% mehr Scanschritte benötigt. Daher wird auch 50% mehr Energie im Material deponiert und Streuverluste nehmen im Vergleich zu.

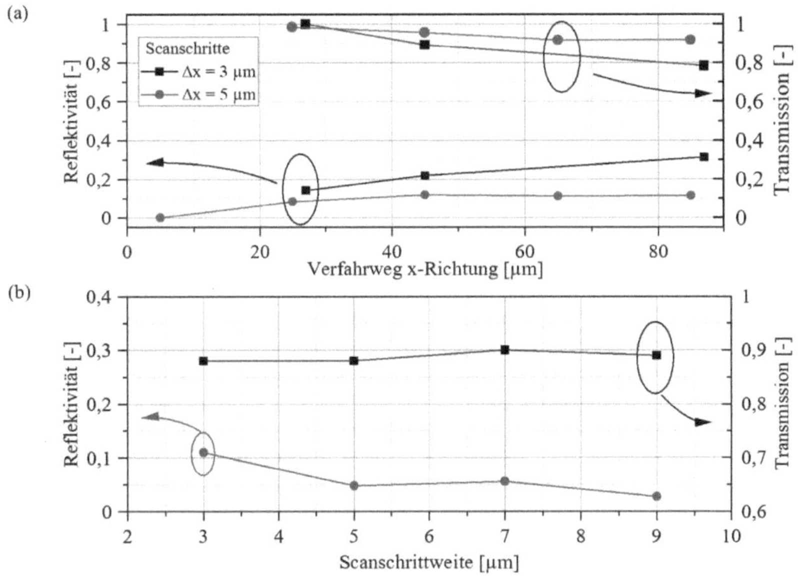

Abbildung 4.14.: Abhängigkeit der FBG-Reflektivität und -Transmission (a) vom gesamten Verfahrweg der Scanschritte in x-Richtung, (b) von der Scanschrittweite bei konstantem Verfahrweg in x-Richtung (35 µm bei verschiedenen Scanschrittweiten (Sonstige Parameter E=0,5 mJ, τ=100 fs, N=60 000, f=20 mm).

Einfluss der Laserpulsenergie auf die FBG-Reflektivität

Für steigende Laserpulsenergie bei sonst konstanten Prozessparametern steigt in erster Näherung auch die Reflektivität des FBG (Abb. 4.15). Ursächlich dafür ist die Vergrößerung des modifizierten Materialvolumens pro Laserpuls und die Vergrößerung des induzierten Brechungsindexhubs. Wie in Abschnitt 4.2.2 gezeigt, steigt die Ausdehnung des modifizierten Bereichs mit der Pulsenergie (Abb. 4.10). Durch die damit einhergehende, vergrößerte Überdeckung der propagierenden Moden mit dem FBG steigt die Reflektivität. Weiterhin ist bei steigender Laserpulsenergie zu erkennen, dass die Transmission des FBG sinkt (Abb. 4.15). Steigt die im Fokus erreichte Spitzenintensität deutlich über den Schwellwert zur Induzierung der Brechungsindexmodifikation, kann das Material dauerhaft durch induzierte Verspannungen oder Mikrorisse geschädigt werden (Kap. 3.2.2). Bei längeren Laserpulsdauern τ und konstanter Pulsenergie sinkt die erreichte Spitzenintensität im Fokus. Entsprechend wird der Intensitätsschwellwert der Brechungsindexänderung erst bei höherer Pulsenergie erreicht. In der dargestellten Parameterstudie werden die höchsten Transmissionswerte bei der kürzesten Pulsdauer τ=100 fs erreicht.

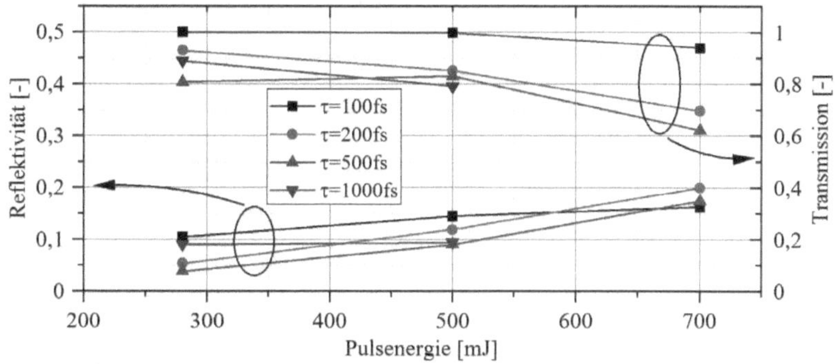

Abbildung 4.15.: Abhängigkeit der FBG-Reflektivität und -Transmission (a) von der Laserpulsdauer und -energie (Höhe des FBG 25 µm mit 5 µm Scanschrittweite, N=250 000, f_x=20 mm).

Vergleich der linearen und rotationssymmetrischen Schreibstrategie

Die Reflektivität des FBG ist direkt abhängig von der Überlappung der zu reflektierenden Mode mit der transversalen FBG-Ausdehnung (Kap. 3.1.2). FBG, die mittels linearer Schreibstrategie geschrieben werden, können aufgrund ihres ansatzweise rechteckigen Querschnitts nicht vollständig den runden Kernquerschnitt überdecken (Abb. 4.9(a)). Linear scannend geschriebene Gitter bestehen hier typischerweise aus Scanschrittweiten in der Größenordnung Δx=3 µm bis 5 µm. Das rotationssymmetrische Schreibverfahren ist an die Kerngeometrie angepasst, und auch die Randbereiche des runden Kernquerschnitts werden modifiziert (Abb. 4.9(a)). Der hier verwendete angulare Versatz der Scanschritte ist in der Größenordnung 10°. Bei gleicher Pulsenergie und gleicher Pulsanzahl erreicht ein linear geschriebenes FBG mit 11 Scanschritten die Reflektivität von R=0,1, während die Reflektivität des rotationssymmetrischen FBG R=0,21 beträgt, wobei die Schreibdauer des letzteren mehr als drei mal so lang ist (A.3). Aufgrund der signifikant kürzeren Prozessdauer ist das lineare Schreibverfahren für die Erreichung einer geringen Reflektivität zu bevorzugen, während das rotationssymmetrische Verfahren besser geeignet ist, um eine Reflektivität >0,2 zu erzeugen.

4.2.4. Fazit für die Herstellung von FBG als wellenlängenselektive Rückkoppelelemente für Hochleistungshalbleiter- und faserlaser

Für die Herstellung von FBG in hochmodigen Fasern wurde das indirekte Phasenmasken-Schreibverfahren, welches bereits für monomodige Fasern aus dem Stand der Technik bekannt ist, für große Faserkerne erweitert. Zur Modifikation von Faserquerschnitten, die größer als monomodige Faserkerne sind, wurden eine lineare und eine rotationssymmetrische Scanstrategie entwickelt, wobei erstere wegen kürzerer Prozessdauern für die Erzeugung einer FBG-Reflektivität R<0,1 zu bevorzugen ist.
Bei der Analyse der Auswirkung von Laserpulsenergie, -pulsdauer und Anzahl der Bearbeitungspulse auf die Ausdehnung der Brechungsindexmodifikation und die FBG-Reflexion wurden folgende Limitierungen festgestellt: Eine zu hoch gewählte Pulsenergie führt zu Selbstfokussierung und zu unerwünschten Modifikationen (Artefakte) neben dem erwünschten Modifikationsvolumen. Weiterhin wurde gezeigt, dass ab einer Schwelle der Bearbeitungspulsanzahl die FBG-Reflektivität nicht weiter steigt, jedoch Modifikationsartefakte entstehen können. Für die FBG-Reflektivität folgt, dass ab dieser Pulsanzahl keine signifikante Steigerung der Reflektivität zu erwarten ist, jedoch ggf. die Transmission sinkt, da die Artefakte zu unerwünschten Kern-Mantel-Modenkopplung führen können. Bei der qualitativen Betrachtung der Homogenität der mittels linearer Scanstrategie induzierten Brechungsindexmodifikationen wurde gezeigt, dass bei einer Scanschrittweite von 3 µm die beste Homogenität in Scanrichtung erreicht wird.
Die in diesem Kapitel erarbeiteten Zusammenhänge zwischen den Laserprozessparametern und den resultierenden FBG-Eigenschaften werden in dem folgenden Kapitel genutzt, um FBG als externe Resonatorspiegel für die Frequenzstabilisierung von fasergekoppelten Hochleistungslaserdioden und als faserintegrierte, gering-reflektierende Auskoppelspiegel in Faserlaseresonatoren herzustellen.

5. Faser-Bragg-Gitter für die Frequenzstabilisierung hochmodiger Hochleistungslaserdioden und -faserlaser

In diesem Kapitel wird der Einsatz der in hochmodigen Fasern hergestellten FBG für die Frequenzstabilisierung von fasergekoppelten Laserdioden und als faserintegrierte, gering-reflektierende Auskoppelspiegel von Faserlaserresonatoren beschrieben. Das Kapitel ist inhaltlich in zwei Abschnitte gegliedert. Im ersten Abschnitt wird erarbeitet, wie FBG in hochmodigen Fasern als Frequenzstabilisierungselement für Laserdioden eingesetzt werden können. Hierzu wird beispielsweise untersucht, welchen Einfluss die Höhe der FBG-Reflektivität und die longitudinale Position des FBG in der Faser auf die spektrale Emissionsbandbreite und die optische Ausgangsleistung der Laserdiode haben. Schließlich werden die ermittelten spektralen Eigenschaften mit kommerziell verfügbaren, mittels VBG stabilisierten Diodenlasermodulen verglichen.

Im zweiten Teil des Kapitels wird untersucht, ob FBG als gering-reflektierende Auskoppelspiegel in hochmodigen Faserlaserresonatoren fungieren können. Das Vorgehen hierbei ist in zwei Schritte gegliedert. Zur Validierung des Konzepts wird erst ein FBG in eine passive, hochmodige Faser geschrieben, welche über eine Freistrahlkopplung mit dem Faserresonator verbunden ist. Im zweiten Schritt wird ein FBG direkt in die Ausgangsseite der aktiven Resonatorfaser geschrieben. Auch hier wird die Auswirkung des FBG auf die spektrale Emissionsbandbreite und die optische Ausgangsleistung des Faserlasers untersucht. Zur Demonstration der Industrietauglichkeit des Konzepts wird abschließend ein FBG in eine aktive, hochmodige Faser eines Hochleistungsfaserlaserresonators in der Multi-kW-Klasse geschrieben, um zu zeigen, dass FBG in hochmodigen Fasern als Auskoppelspiegel von Hochleistungsfaserlasern eingesetzt werden können.

5.1. FBG zur Frequenzstabilisierung von Laserdioden

In kommerziell verfügbaren, hochmodigen und fasergekoppelten Diodenlasermodulen wird die Frequenzstabilisierung typischerweise über ein Volumen-Bragg-Gitter (VBG) realisiert. Hierbei dient das VBG als spektral schmalbandiges Rückkoppelelement und wird zwischen Kollimation und Faserkopplung im Strahlengang positioniert [87], [88], [147]–[149]. Da Diodenlasermodule im industriellen Einsatz bereits mit einer Faser ausgestattet sind, besteht hier die Möglichkeit, das FBG als wellenlängenselektives Rückkoppelelement in die vorhandene Transportfaser zu schreiben. Der Vorteil beim Einsatz eines FBG besteht darin, dass dies kein zusätzliches optisches Element im Gehäuse des Lasermoduls ist, sondern in der vorhandenen Transportfaser integriert ist. Durch die Reduzierung der Anzahl der optischen Elemente im Gehäuse kann die mechanische Robustheit des Moduls erhöht werden, während gleichzeitig der Justage- und Montageaufwand reduziert werden. In dieser Arbeit werden ausschließlich hochmodige Diodenlaseremitter mit hochmodigen, passiven Fasern verwendet. Die FBG in hochmodigen Fasern werden als MM-FBG (multimodige Faser-Bragg-Gitter) bezeichnet.

5.1.1. Validierung: Laserdiodenfrequenzstabilisierung mittels MM-FBG

Um die Frequenzstabilisierung mittels MM-FBG von hochmodigen Diodenlasern zu validieren, wird ein in eine passive 105/125 µm Faser (Kerndurchmesser 105 µm, Manteldurchmesser 125 µm) geschriebenes MM-FBG an ein nicht frequenzstabilisiertes, fasergekoppeltes Diodenlasermodul gespleißt. Dazu wird ein kommerzielles, erworbenes, fasergekoppeltes Einzelemittermodul eingesetzt, welches bei 21°C etwa 1064 nm emittiert. Damit das MM-FBG als Rückkoppelelement funktioniert, müssen Leistungsanteile der Laserdiodenemission bei der Bragg-Wellenlänge vorhanden sein. Unter Ausnutzung der thermischen Drift einer Laserdiode wird das Modul bei 25°C und 30°C betrieben, um die Emissionswellenlänge zur Bragg-Wellenlänge zu verschieben. Die Konzeptvalidierung erfolgt mittels MM-FBG mit den Reflektivitäten R=0,04 und R=0,08. Teile dieses Kapitels wurden bereits in [44] veröffentlicht und werden in den folgenden Abschnitten ausführlich diskutiert.

Spektrale Emission und optische Ausgangsleistung mit und ohne FBG

Beim Vergleich der stromabhängigen Spektren im freilaufenden Betrieb und mit MM-FBG (R=0,04 und R=0,08) ist durch die Einschnürung des Emissionsspektrums und Verschiebung der Zentralwellenlänge hin zur Bragg-Wellenlänge zu erkennen, dass die Frequenzstabilisierung funktioniert (Abb. 5.1).

Im Folgenden ist in Klammern der jeweilige Kennwert bei der Betriebstemperatur 30°C angegeben.

Im freilaufenden Betrieb beträgt die Zentralwellenlänge 1075,65 nm (1077,76 nm) bei 25°C (30°C) und 10 A. Die Wellenlängendrift beträgt 2,12 nm W^{-1} (bzw. 2,24 nm W^{-1}) zwischen 6,5 A und 10 A . Beim frequenzstabilisierten Betrieb mit dem R=0,08 −FBG ist die Zentralwellenlänge für beide Betriebstemperaturen mit 1074,91 nm (1074,86 nm) nahezu identisch. Die temperaturbedingte Wellenlängendrift reduziert sich um etwa den Faktor 5 (8) auf 0,45 nm W^{-1} (0,27 nm W^{-1}).

Mit Frequenzstabilisierung ist das Spektrum weniger strom- bzw. temperaturabhängig. Die spektrale Halbwertsbreite (FWHM) ist durch die spektral schmalbandige Rückkopplung des MM-FBG um etwa 80% reduziert und sinkt von 4,62 nm (4,88 nm) (freilaufend) auf 1,06 nm (1,12 nm) (Abb. 5.1, Tab. 5.1).

Die Emissionseigenschaften über den Injektionsstrombereich mit MM-FBG sind in drei Abschnitte geteilt: unverändert im Vergleich zum freilaufenden Betrieb (a), dann

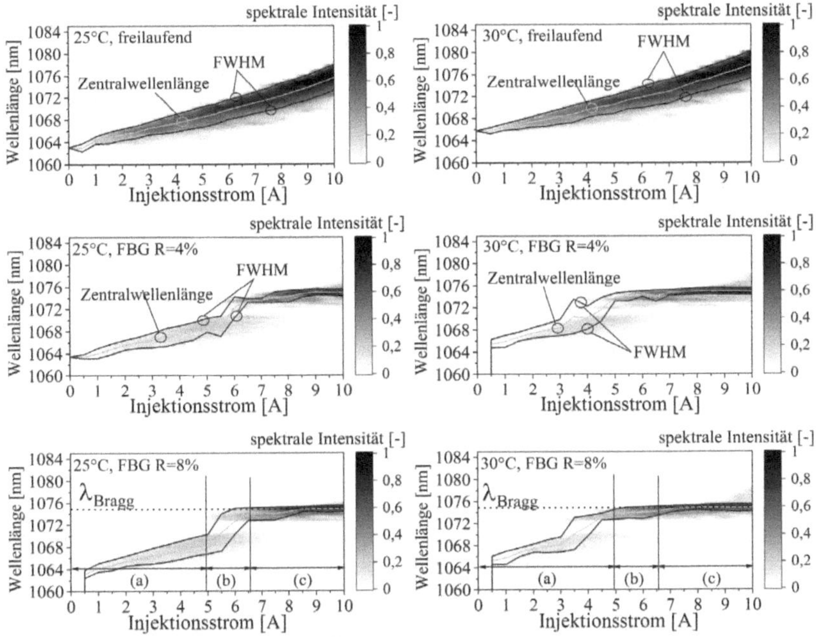

Abbildung 5.1.: Stromabhängige spektrale Emission des Diodenlasermoduls bei 25°C (linke Spalte) und 30°C (rechte Spalte) ohne FBG (obere Zeile), mit R=0,04 –FBG (mittlere Zeile) und R=0,08 –FBG (untere Zeile).

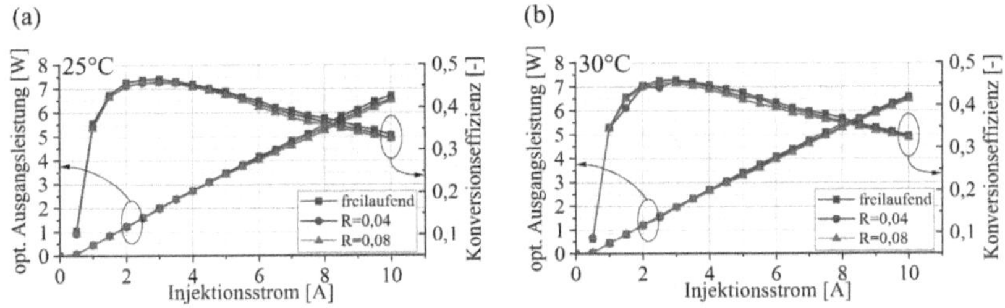

Abbildung 5.2.: Optische Ausgangsleistung und Konversionseffizienz der freilaufenden und frequenzstabilisierten Laserdiode bei (a) 25°C und (b) 30°C.

ein Übergangsbereich zwischen freilaufend und frequenzstabilisiert mit hoher spektraler Halbwertsbreite (b) und schließlich vollständig frequenzstabilisiert (c) (Abb. 5.1 unten).

Sind bei der spektralen Emission des Diodenlasers die vom MM-FBG reflektierten Leistungsanteile zu gering, um die Frequenzstabilisierung im internen Halbleiterresonator zu initiieren, bleibt das Emissionsspektrum wie beim freilaufenden Betrieb (Abb. 5.1, unten (a)). Sobald die Moden bei der Bragg-Wellenlänge die Laserschwelle erreichen, ist im Emissionsspektrum die Bragg-Wellenlänge übergangsweise verstärkt zu erkennen (Abb. 5.1, unten (b)). Im Spektrum in diesem Bereich sind der freilaufende und der durch das FBG verstärkte Anteil separiert zu erkennen. Dadurch, dass beide Bereiche im Spektrum getrennt sind, ist die Kennzahl FWHM in diesem Bereich keine geeignete Kennzahl zur Charakterisierung des Spektrums, da die spektrale Intensität zwischen beiden Anteilen auf unter die halbe maximale Spektralintensität fallen kann (Anh.A.4). Da dieser Injektionsstrombereich unterhalb der Stabilisierung als Arbeitsbereich verworfen wird, wird für die bessere Darstellung dennoch der FWHM-Wert angegebenen. Im Übergangsbereich bezieht sich der FWHM-Wert auf die Flanken am kurzen bzw. langen Wellenlängenbereich der gesamten Emissionsbandbreite.

Bei weiterer Erhöhung des Stroms verschiebt sich das Verstärkungsspektrum des Diodenlasers weiter zu längeren Wellenlängen. Hier nähert sich das spektrale Maximum des Verstärkungsspektrums der Bragg-Wellenlänge und die zurückgekoppelten Leistungsanteile erfahren zunehmende Verstärkung, entsprechend stellt sich der vollständig frequenzstabilisierte Betrieb ein (Abb. 5.1, unten (c)). Um den frequenzstabilisierten Betrieb zu erzeugen, muss für alle Moden bei der Bragg-Wellenlänge die Laserschwelle überschritten werden. Entsprechend findet die Stabilisierung bei geringeren Injektionsströmen statt, wenn entweder die Reflektivität des FBG erhöht wird (Abb. 5.1 vgl. R=0,04 und R=0,08) bzw. wenn durch Ausnutzung der thermischen Drift bei Erhöhung der Wärmesenkentemperatur bereits bei geringeren Strömen das Verstärkungsspektrum bei der Bragg-Wellenlänge ist und diese im Emissionsspektrum auftritt.

Die optische Ausgangsleistung sinkt bei Verwendung des FBG zwischen 3% und 9% (Abb. 5.2). Diese Verluste sind sowohl dem Faserspleiß, den Streuverlusten am FBG sowie den Verlusten durch die Rückkopplung zuzuordnen. Zur Übersicht sind die gerade erläuterten Ergebnisse in Tab. 5.1 zusammengefasst.

		T=25° C			T=30° C		
		R=0	R=0,04	R=0,08	$R = 0$	R=0,04	R=0,08
λ_0	[nm]	1075,65	1074,89	1074,91	1077,76	1074,86	1074,85
FWHM	[nm]	4,62	1,27	1,06	4,88	1,10	1,12
α_λ	[nm/W]	2,12	0,64	0,45	2,24	0,34	0,27
P_{opt}	[W]	6,71	6,54	6,51	6,58	6,54	6,48

Tabelle 5.1.: Zentralwellenlänge λ_0, spektrale Halbwertsbreite FWHM, thermische Wellenlängendrift α_λ und optische Ausgangsleistung des freilaufenden (R=0) und frequenzstabilisierten (FBG mit R=0,04 bzw. R=0,08) Diodenlasers beim Betriebsstrom I=10 A.

5.1.2. Analyse der Emissionscharakteristik der Laserdiode bei spektraler Rückkopplung durch FBG

Zur Analyse der Frequenzstabilisierung in Abhängigkeit von FBG-Reflektivität und FBG-Position in der Faser, der FBG-Auswirkungen auf die Polarisation und der Charakterisierung der räumlichen und spektralen Intensität des FBG-Reflex wird ein fasergekoppeltes Einzelemittermodul aufgebaut, welches ohne Stabilisierung zwischen 969 nm und 978 nm emittiert. Da sich die Emissionsbandbreite dieses Laserdiodenmoduls signifikant von der der Laserdiode aus der Konzeptvalidierung unterscheidet, wurden für dieses Kapitel neue MM-FBG hergestellt.

5.1.2.1. Abhängigkeit der Frequenzstabilisierung vom Reflexionsgrad

Bei der Konzeptvalidierung wurde gezeigt, dass sich bei einer FBG-Reflektivität von 4% ein frequenzstabilisierter Betrieb einstellt. D.h., die spektrale Emissionsbandbreite und thermische Drift werden reduziert (Kap. 5.1.1).
Durch eine Erhöhung der Reflektivität des FBG steigt der absolute, in den Wellenleiter zurückgekoppelte Leistungsanteil und die Frequenzstabilisierung tritt bereits bei geringerem Injektionsstrom auf, da bei mehr Moden bei der Bragg-Wellenlänge die Laserschwelle überschritten ist. Bei steigender Reflektivität wird die erzielte spektrale Halbwertsbreite reduziert (Abb. 5.3). Bei einer Reflektivität R>0,1 ist bspw. die spektrale Halbwertsbreite <1 nm, während bei 0,7<R<0,1 die Halbwertsbreite etwa 2,4 nm beträgt. Bei dem R=0,2-FBG ist allerdings auffällig, dass im Vergleich zu R=0,14 der Injektionsstrom für die Frequenzstabilisierung wieder steigt (Abb. 5.3, 5.4). Die Frequenzstabilisierung einer Laserdiode wird also initiiert, wenn die Moden bei der Bragg-Wellenlänge die Laserschwelle überschreiten, diese wiederum hängt vom Verstärkungsspektrum der Laserdiode ab. Dabei ist zu beachten, dass eine hohe Rückkopplung negative Auswirkungen auf die Lebensdauer der Laserdiode haben kann, insbesondere wenn die Leistungsanteile nicht in den Wellenleiter gekoppelt werden, sondern daneben absorbiert werden [150]–[152] und der zurückgekoppelte Leistungsanteil nicht mehr als Ausgangsleistung zur Verfügung steht.
Um zu vermeiden, dass die Laserdiode durch eine hohe Rückkopplung in den Wellenleiter zerstört wird, wurde die FBG-Reflektivität nicht weiter erhöht. Da sich die erzielte Halbwertsbreite mit R=0,14 und R=0,20 nur geringfügig unterscheidet, ist zu erwarten, dass sich bei einer weiteren Erhöhung der Reflektivität die spektrale Halbwertsbreite nicht weiter verringert.

5.1.2.2. Einfluss des FBG auf die Polarisation der Strahlung nach der Faser

Die in die Faser gekoppelte Diodenlaserstrahlung ist zu knapp 80% TE-polarisiert (transversal elektrisch). Nach der Faser wird die ausgekoppelte Strahlung mit einer sphärischen Linse kollimiert (KOL) und mittels Polarisationsstrahlteilerwürfel (PBS) werden die Leistungsanteile der beiden Polarisationen getrennt (Abb. 5.5).
Im Halbleiterresonator trägt TM-polarisierte, zurückgekoppelte Strahlung weniger zur Verstärkung bei als TE-polarisierte Strahlung [153].
Ist in der Faser kein FBG enthalten, ist nach einer Propagationslänge l=1,5 m in der Faser die ausgekoppelte Strahlung wegen der Modendurchmischung in einer nichtpolarisationserhaltenden Faser zu gleichen Teilen TE- und TM-polarisiert (transver-

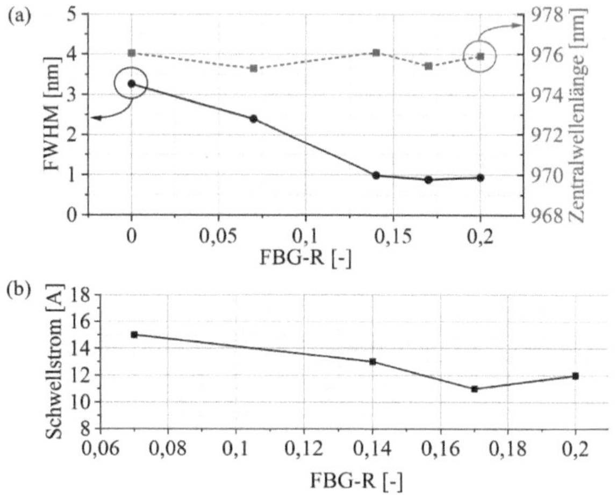

Abbildung 5.3.: (a) Spektrale Halbwertsbreite (FWHM) und Zentralwellenlänge bei I=18 A, (b) Schwellstrom, bei dem die Frequenzstabilisierung eintritt.

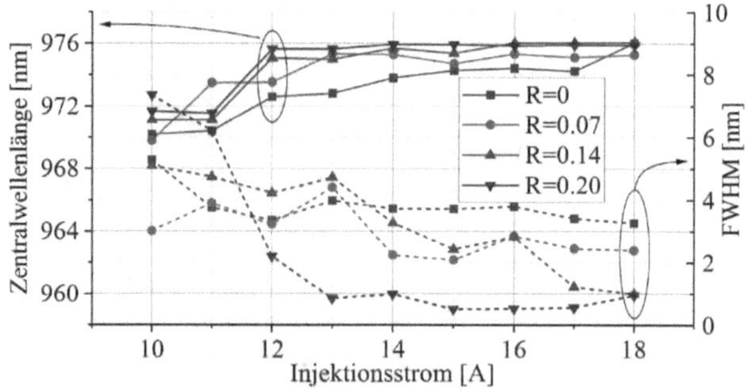

Abbildung 5.4.: Injektionsstromabhängige Zentralwellenlänge und spektrale Halbwertsbreite für verschiedene FBG-Reflektivitäten.

sal magnetisch). Um die Auswirkungen der Propagation in der unmodifizierten Faser zu minimieren, wird die Faserlänge mit FBG auf l=0,15 m gekürzt. Ohne FBG wird der TE-Polarisationsgrad durch Propagation in der Faser auf etwa 70% reduziert und mit FBG auf 60% (Abb. 5.6). Da das FBG in der Faser die Homogenität des Faserkerns reduziert, wirkt es negativ auf den Polarisationsgrad der Laserstrahlung und der Polarisationsgrad der transmittierten und reflektierten Strahlung ist reduziert.

Um die Depolarisation der Strahlung durch die Propagation in der Faser zu minimieren, ist eine FBG-Position direkt hinter der Einkopplung zu bevorzugen. So ist der zurückgekoppelte Leistungsanteil stärker TE-polarisiert, wodurch die Frequenzsta-

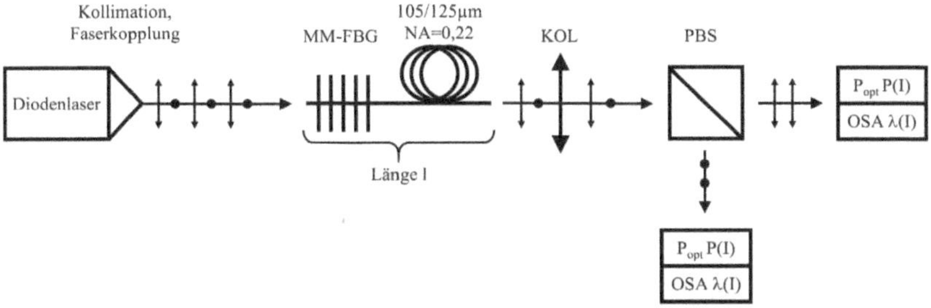

Abbildung 5.5.: Schematische Darstellung der Polarisationsmessung der Diodenlaserstrahlung bestehend aus Diodenlasermodul, in die Faser gekoppelter Strahlung gemischter Polarisation, einem MM-FBG in einer hochmodigen Faser der Länge l, Kollimation (KOL) der aus der Faser ausgekoppelten Strahlung, Polarisationsstrahlteilerwürfel (PBS) und Messmittel für optische Ausgangsleistung und spektrale Intensität.

bilisierung bei geringerem Injektionsstrom auftritt. Beispielsweise wird die spektrale Halbwertsbreite FWHM des Diodenlasermoduls ab etwa I=11 A reduziert, wenn das FBG 20 mm hinter der Einkoppelfacette eingeschrieben ist (Abb. 5.7(a,c)). Im Vergleich wird die für die Frequenzstabilisierung typische Reduzierung der thermischen Wellenlängendrift und Reduzierung des FWHM erst bei I=13 A gemessen, wenn das MM-FBG l=1,5 m hinter der Einkoppelfacette platziert wird (Abb. 5.7(b,c)). Hierbei ist die erzielte Halbwertsbreite um etwa den Faktor 3 größer als bei der ersten FBG-Position. Steigt der Abstand zwischen Einkoppelfacette und FBG, ist die Reduzierung des Polarisationsgrades des Reflexes effektiv mit einer Reduzierung der FBG-Reflektivität zu vergleichen. Ab einem bestimmten Abstand ist die reflektierte Strahlung (immer) unpolarisiert und eine weitere Vergrößerung des Abstands hat keine weitere Auswirkung auf die Frequenzstabilisierung. Für die Frequenzstabilisierung ist also vorteilhaft, wenn das FBG nah and er Einkoppelfacette der Faser ist. Auf die Polarisation der Strahlung auf der Austrittsseite der Faser hat die Position des FBG keine Auswirkung, da TE- und TM-Polarisation durch die typischerweise hinreichend lange Faser gemischt werden.

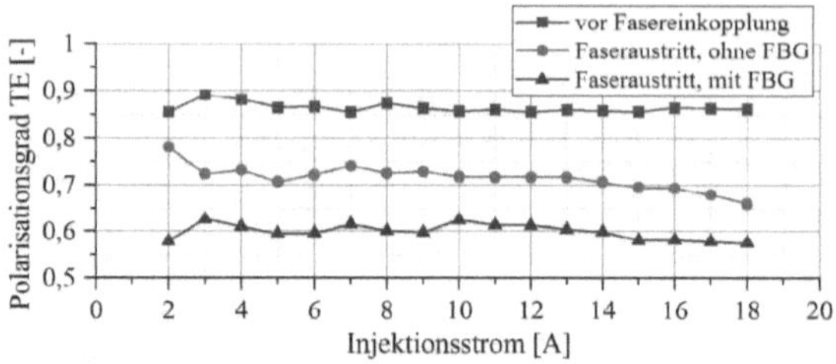

Abbildung 5.6.: Polarisationsgrad der Diodenlaserstrahlung vor der Fasereinkopplung, nach der Propagation durch eine l=0,15 m lange Faser ohne und mit MM-FBG (R=0,2).

5.1.2.3. FBG-Reflex: Nahfeld, Leistung und Winkelabhängigkeit des Spektrums

Zur Analyse des am FBG reflektierten Leistungsanteils wird ein Strahlteiler-Würfel zwischen Laserdiodenkollimation und Fasereinkopplung platziert und für die Messung des Nahfeldes wird die Eintrittsfacette der Faser auf den Kamerasensor abgebildet (Abb. 5.8).

Beim Vergleich der Nahfeldintensitätsverteilungen ist neben dem Fresnel-Reflex der eingekoppelten Strahlung im Bereich des eingeschriebenen FBG die Intensität erhöht und die räumliche Ausdehnung und Platzierung des (rotationssymmetrisch geschriebenen) MM-FBG ist zu erkennen (Abb. 5.9 (b)). Um den Fresnel-Reflex von der Facette zu eliminieren, wurde die Messung mit einer Anti-Reflex-beschichteten Facette wiederholt. Im Direktvergleich ähnelt die Form der Nahfeld-Intensitätsverteilung der Form des rotationssymmetrisch geschriebenen FBG (Abb. 5.9 (d)). Diese Messmethode kann zur Überprüfung der Platzierung des FBG im Faserkern genutzt werden. Die bei der entspiegelten Faserfacette ohne FBG zu erkennenden Leistungsanteile sind auf den Fresnel-Reflex von der nicht-entspiegelten Austrittsfacette der Faser zurückzuführen (Abb. 5.9 (c)).

Das Verhältnis von reflektierter Leistung und Gesamtleistung ist injektionsstromabhängig (Abb. 5.10). Durch die Fresnel-Verluste an der nicht-entspiegelten Eintrittsfacette ist der relative Leistungsanteil bei sehr geringen Injektionsströmen zirka 0,05. Da die Leistungsanteile bei der Bragg-Wellenlänge durch die thermische Drift steigen, nimmt zunächst der relative Leistungsanteil zu. Dabei korreliert das Maximum der relativen Leistung mit dem Strombereich, in dem die Frequenzstabilisierung eintritt. Ab 4 A steigt die relative Verlustleistung an bis zum Maximum bei 12 A. Dadurch, dass die Leistungsanteile bei der Bragg-Wellenlänge bei zunehmender Frequenzstabilisierung steigen, steigt auch der relative Leistungsanteil im Reflex. Sobald der vollständig frequenzstabilisierte Betrieb eintritt, steigt die Effizienz des Diodenlasers wieder und die relative Verlustleistung sinkt wieder.

Für die Messung des ortsaufgelösten Spektrums wird an Stelle einer Abbildungsoptik und einer Kamera ein fasergekoppeltes Spektrometer im kollimierten Fasereflex hinter dem Strahlteiler platziert. Durch Abrasterung des Strahls in 100 µm-Schritten und Nutzung eines freistehenden Faserendes zur Einkopplung der Strahlung wird das Spektrum des Reflexes ortsaufgelöst gemessen. Der gesamte Verfahrweg der Spektro-

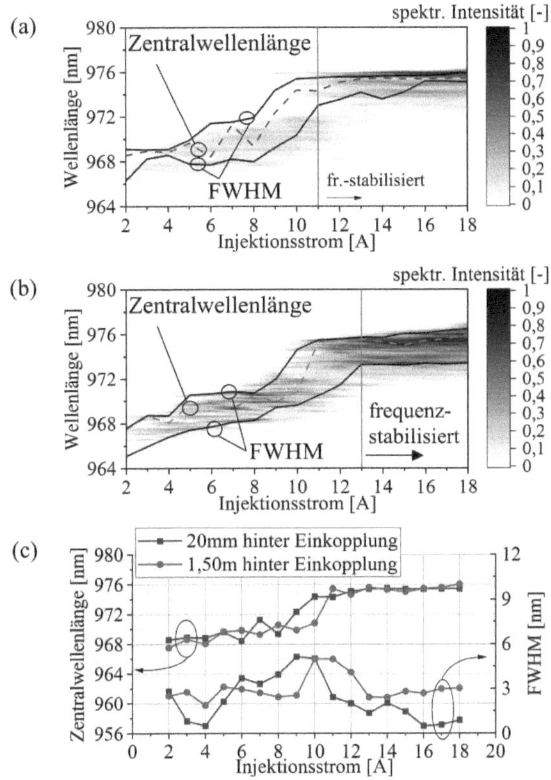

Abbildung 5.7.: Stromabhängige spektrale Intensität eines mittels FBG frequenzstabilisierten Diodenlasers (R=0,17) bei unterschiedlichen FBG-Positionen
(a) 20 mm und
(b) 1,5 m hinter der Einkoppelfacette,
(c) Zentralwellenlänge und spektrale Halbwertsbreite beider FBG-Positionen.

meterfaser beträgt 4 mm und der Strahldurchmesser etwa 6 mm. Die Faserfokussieroptik steht im Abstand der Brennweite hinter der Faserfacette und fungiert für den Reflex als Fourierlinse, d.h. die durchgeführte ortsaufgelöste Messung des Reflexes entspricht der NA-aufgelösten Messung des Spektrums am FBG. Die Messung wurde bei einem Injektionsstrom von 18 A durchgeführt und das rotationssymmetrische R=0,2-FBG ist nah an der Einkoppelfacette platziert, um die Modendurchmischung des Reflexes durch die Propagation in der Faser zu reduzieren. Bei dieser Messung des Spektrums im kollimierten Strahl entsprechen die Randbereiche hohen NA-Werten (numerische Apertur der Faser 0,22).

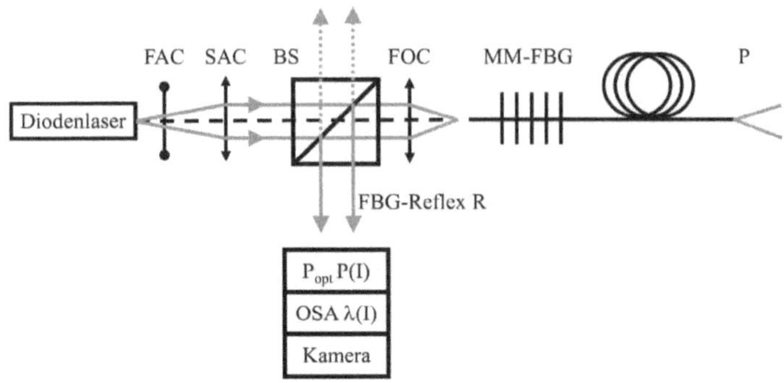

Abbildung 5.8.: Schematische Darstellung der Messung des FBG-Reflexes. Ein Strahlteilerwürfel (BS) wird zwischen Kollimation (FAC,SAC) und Faserfokussierung (FOC) platziert, um optische Leistung, Spektrum und Nahfeld des Reflexes zu messen.

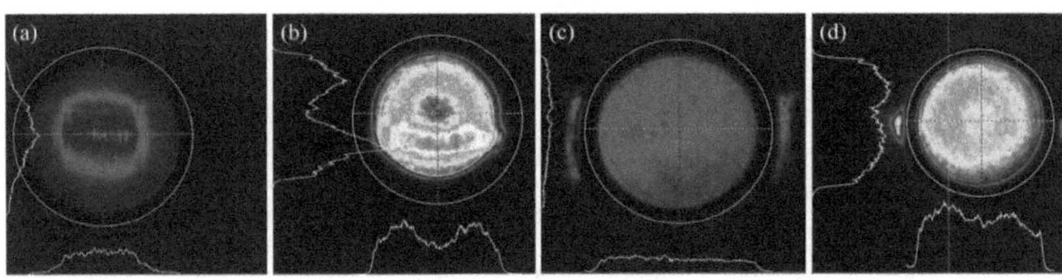

Abbildung 5.9.: Intensitätsverteilung des Rückreflexes:
(a) von einer nicht-entspiegelten Facette, ohne FBG,
(b) von einer nicht-entspiegelten Facette, mit rotationssymmetrischem FBG,
(c) von einer entspiegelten Facette, ohne FBG,
(d) von einer entspiegelten Facette, mit rotationssymmetrischem FBG.

Insgesamt lässt sich keine eindeutige Zuordnung der Zentralwellenlänge und der spektralen Halbwertsbreite zum Fernfeld des Reflexes treffen (Abb. 5.11(a), (b)).

5.1.2.4. Temperaturabhängigkeit der Zentralwellenlänge und spektralen Halbwertsbreite

Bei dem maximalen Injektionsstrom von 18 A und der Wärmesenkentemperatur von 22°C liegt die maximale spektrale Emissionswellenlänge des freilaufenden Diodenlasers nahe der Bragg-Wellenlänge des FBG. Ohne Leistungsanteile bei der Bragg-Wellenlänge findet keine Rückkopplung statt und damit keine Frequenzstabilisierung. Wird die Emittertemperatur des Diodenlasers erhöht, erhöht sich die Emissionswellenlänge durch die thermische Drift. Sobald durch die Wellenlängenverschiebung die Moden der Bragg-Wellenlänge die Laserschwelle übertreten, reduziert sich die spek-

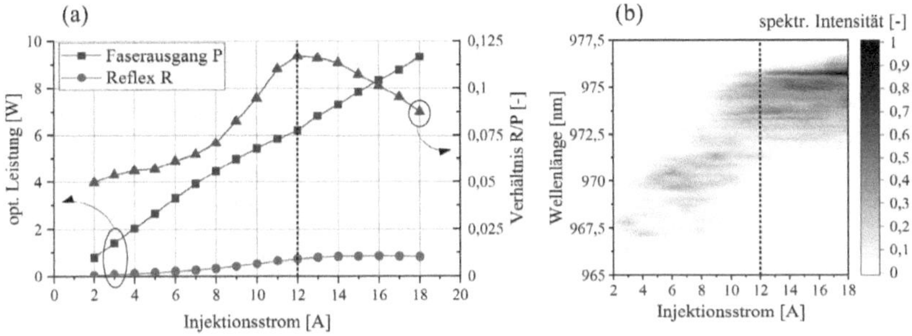

Abbildung 5.10.: (a) Optische Ausgangsleistung am Faserausgang, Leistungsanteil des zurückpropagierenden FBG-Reflexes und der auf die Ausgangsleistung bezogene relative Anteil des Reflexes, jeweils abhängig vom Injektionsstrom.
(b) Injektionsstromabhängige spektrale Intensität.
Jeweils gemessen mit der nicht-entspiegelten Faserfacette.

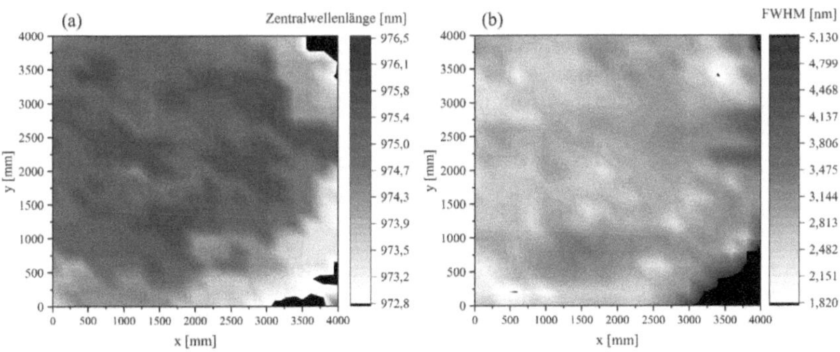

Abbildung 5.11.: Ortsaufgelöste Zentralwellenlänge (a) und spektrale Halbwertsbreite (FWHM) (b) des FBG-Reflexes gemessen im kollimierten Reflex mit 100 µm Schrittweite zwischen zwei Messpunkten.

trale Halbwertsbreite und die Zentralwellenlänge entspricht der Bragg-Wellenlänge. Wird bei konstantem Injektionsstrom (18 A) die Temperatur von 22°C auf 33,5°C erhöht, tritt die Frequenzstabilisierung bei 32°C ein (Abb. 5.12(a,c)). Wird dann die Temperatur wieder auf 22°C reduziert, bleibt der frequenzstabilisierte Betrieb bis etwa 30°C erhalten (Abb. 5.12(b,c)).
Zur Initiierung der Frequenzstabilisierung vom freilaufenden Betrieb aus muss also die zurückgekoppelte Leistung einen Schwellwert übersteigen (Kap. 5.1.2.1), während bei bereits initiierter Frequenzstabilisierung auch bei geringerer Temperatur der frequenzstabilisierte Betrieb erhalten bleibt (Abb. 5.12).

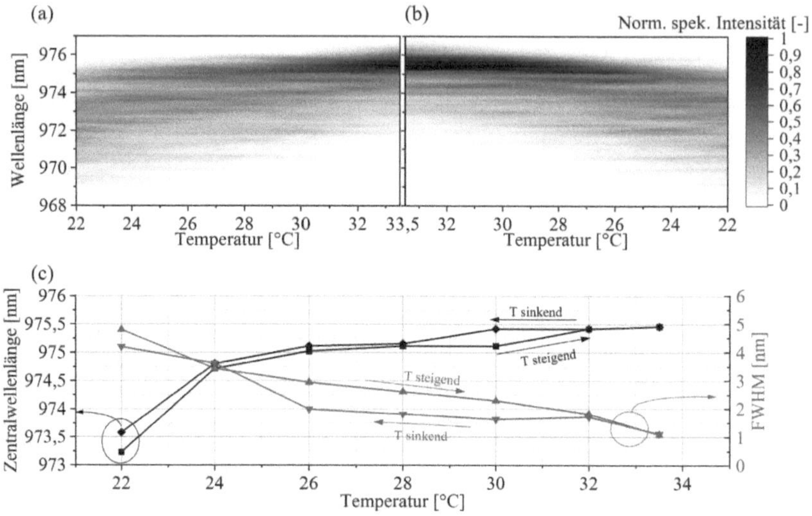

Abbildung 5.12.: Spektrale Intensität bei konstantem Injektionsstrom über einen Temperaturzyklus. (a) Verlauf bei Erhöhung von 22°C bis 33,5°C und (b) Verlauf bei dann sinkender Temperatur von 33,5°C bis 22°C.
(c) Zentralwellenlänge und spektrale Halbwertsbreite (FWHM) (FBG R=0,17).

5.1.2.5. Leistungsskalierung: FBG-Frequenzstabilisierung eines Multiemitter-Laserdiodenmoduls

Sowohl die Konzeptvalidierung als auch die vorangegangene Analyse der Auswirkungen verschiedener MM-FBG-Eigenschaften auf die spektrale Emission und optische Ausgangsleistung wurden an Einzelemittermodulen durchgeführt. Wird die Strahlung mehrerer Emitter per geometrischer Stapelung in eine hochmodige Faser gekoppelt, kann ein MM-FBG in der Transportfaser auch bei Multiemitter-Modulen zur Frequenzstabilisierung eingesetzt werden.
Zur Validierung wird ein hochmodiges, fasergekoppeltes 3-Emittermodul (Oclaro, BMU25-9xx-01/02-R [154]) mit einem angespleißten MM-FBG in der Transportfaser frequenzstabilisiert. Die FBG-Faser ist typengleich mit der Transportfaser des Moduls (105/125 µm, NA=0,22) und der Abstand vom an die Transportfaser gespleißten FBG (R=0,07) zur Einkoppelfacette beträgt etwa 2 m.
Durch die vom FBG zurückgekoppelten Leistungsanteile bei der Bragg-Wellenlänge in die einzelnen Emitter beginnt die Frequenzstabilisierung bei etwa 8 A (Abb. 5.13). Wie bereits in Kap. 5.1.1 erläutert, ist die Frequenzstabilisierung über den Injektionsstrombereich in drei Bereiche geteilt. Bis 5 A findet keine Frequenzstabilisierung statt, da im freilaufenden Emissionsspektrum keine oder nur zu geringe Anteile bei der Bragg-Wellenlänge vorhanden sind. Zwischen 5 A und 8 A ist ein Übergangsbereich und die spektrale Emission besteht anteilig aus dem freilaufenden

Spektrum und aus verstärkten Anteilen bei der Bragg-Wellenlänge. Ab 8 A ist der Betrieb frequenzstabilisiert.

Im Arbeitspunkt bei 10 A ist die Zentralwellenlänge 975,8 nm (ohne FBG 977,1 nm) und die spektrale Halbwertsbreite ist von 4,6 nm auf 2,2 nm gesunken. Im Bereich 7 A bis 10 A ist die thermische Drift um den Faktor 5,5 von 1,1 nm/W auf 0,2 nm/W reduziert.

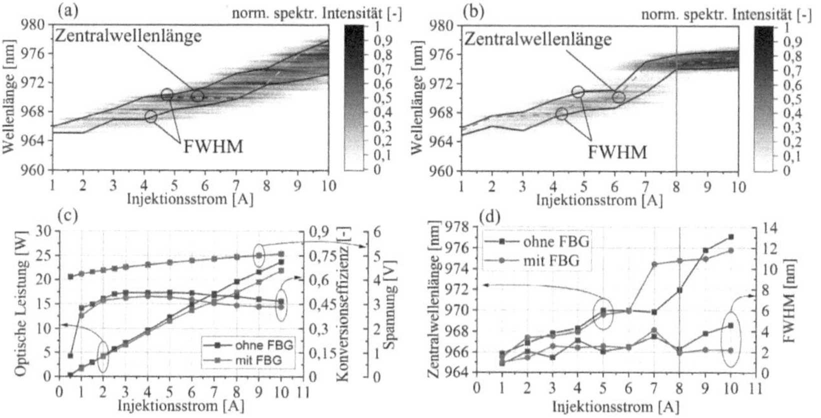

Abbildung 5.13.: Spektrale Intensität, Zentralwellenlänge und spektrale Halbwertsbreite abhängig vom Injektionsstrom
(a) freilaufend und (b) mit FBG-Frequenzstabilisierung (R=0,07).
Injektionsstromabhängige (c) optische Ausgangsleistung am Faserausgang, Konversionseffizienz und Spannung des Multi-Emittermoduls und
(d) Verlauf der Zentralwellenlänge und der spektralen Halbwertsbreite FWHM.

Die optische Ausgangsleistung, die am Faserende zur Verfügung steht, ist im Arbeitspunkt um etwa die FBG-Reflektivität reduziert (Abb. 5.14).

5.1.2.6. Im Vergleich: Frequenzstabilisierung mittels FBG und VBG

Zur Einordnung der FBG-frequenzstabilisierten Diodenlasermodule in den Stand der Technik werden die erzielten spektralen Eigenschaften mit aus der Literatur bekannten oder kommerziell verfügbaren fasergekoppelten, frequenzstabilisierten Diodenlasermodulen ähnlicher Leistungsklasse verglichen.

Mit den verwendeten Phasenmaskenperioden Λ_{PM1}=1483,27 nm und Λ_{PM1}=1345,56 nm sind die zu erwartenden Stabilisierungswellenlängen in Quarzglasfaserkernen
(n_{1075}=1,4495, n_{975}=1,4507 [124]) 1075,0 nm und 976,0 nm. Bei den aufgebauten frequenzstabilisierten Diodenlasermodulen liegen die gemessenen Zentralwellenlängen bei 1074,9 nm und 975,5 nm (Kap. 5.1.1) und damit im Bereich ±1 nm um die Designwellenlänge. Die spektrale Halbwertsbreite liegt bei etwa 1,1 nm (bei 1075 nm) und

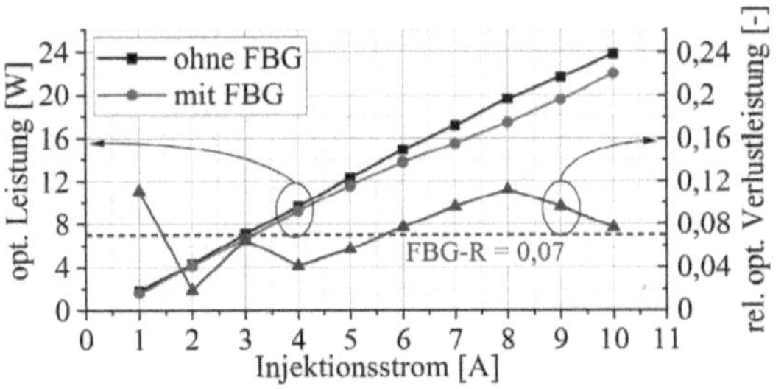

Abbildung 5.14.: Ausgekoppelte optische Leistung abhängig vom Injektionsstrom mit und ohne Frequenzstabilisierung sowie relative optische Verlustleistung durch die Frequenzstabilisierung und die FBG-Reflektivität.

etwa 0,7 nm (bei 976 nm). Somit wird die Zentralwellenlänge vergleichbar zuverlässig wie bei kommerziell verfügbaren Diodenlasermodulen eingestellt, allerdings ist die erreichte spektrale Halbwertsbreite etwa dreimal so hoch ([155]). Ursache für die höhere Halbwertsbreite im Vergleich zur Stabilisierung mittels VBG ist die Vielzahl der in der Faser geführten und vom FBG reflektierten Moden, denen jeweils eine andere Propagationskonstante in der Faser zugeordnet ist (Kap. 3.1.5). In der vereinfachten geometrischen Betrachtung der in der Faser geführten Strahlung entspricht dies einer hohen Winkelbandbreite des Laserstrahls. In der Faser geführte Strahlung innerhalb der NA=0,22 trifft in der geometrischen Betrachtung von Moden unter verschiedenen Einfallswinkeln auf das Fasergitter, wodurch sich die effektive Gitterperiode verlängert. Folglich wird auch bei längeren Wellenlängen die Bragg-Bedingung erfüllt und die zurückgekoppelten Moden bei einer anderen Wellenlänge überschreiten die Laserschwelle. Folglich ist die Emissionsbandbreite der Laserdioden verbreitert. VBG hingegen werden im kollimierten Strahl platziert, entsprechend sind die spektrale Rückkopplung und die Emissionsbandbreite der Laserdiode schmalbandiger.

5.1.3. Zusammenfassung der Frequenzstabilisierung von Hochleistungsdiodenlasern mittels MM-FBG

MM-FBG sind wellenlängenselektive Rückkoppelelemente, die für die Frequenzstabilisierung von fasergekoppelten Diodenlasern geeignet sind. Bereits eine FBG-Reflektivität von 4 bis 8% ist ausreichend, um bei mittlerem bis zum maximalen Injektionsstrom einen frequenzstabilisierten Betrieb zu erreichen. Die typische spektrale Halbwertsbreite des Diodenlaserspektrums ist von etwa 4,6 nm im freilaufenden Betrieb auf 1,1 nm gesunken (Kap. 5.1.1). Die thermische Drift wird durch die Frequenzstabilisierung um den Faktor 3 reduziert. Wird die Reflektivität weiter erhöht, tritt die Frequenzstabilisierung tendenziell bei geringerem Injektionsstrom auf. Hierbei gilt zu beachten, dass eine verstärkte Rückkopplung in den Halbleiterresonator negative Auswirkungen auf die Lebensdauer des Diodenlasers hat und die zur Verfügung stehende Ausgangsleistung ebenfalls reduziert wird. Wird das FBG nah an der

Einkoppelfacette platziert, findet weniger Polarisationsmischung des Reflexes durch die Propagation in der Faser statt. Da in den Wellenleiter zurückgekoppelte TE-polarisierte Strahlung stärker verstärkt wird, wirkt sich auch die FBG-Position auf die Frequenzstabilisierung aus. Eine facettennahe Position ist von Vorteil für die Rückkopplung. Ein großer Abstand ist effektiv mit einem geringeren Reflexionsgrad vergleichbar. Auch bei einem Abstand von 2 m zwischen FBG und Einkoppelfacette funktioniert die Frequenzstabilisierung, wenn die FBG-Reflektivität hoch genug ist. Ebenso funktioniert die Frequenzstabilisierung von Multiemitter-Modulen. Die bei der Einzelemitter-Frequenzstabilisierung gemessenen Auswirkungen der FBG auf die spektrale Emissionscharakteristik sind auf die Multiemitter-Frequenzstabilisierung übertragbar.

Im Vergleich zu VBG ist die erreichte spektrale Halbwertsbreite zwar etwa dreimal so hoch, allerdings wird die Stabilisierungswellenlänge genauso zuverlässig eingestellt. Dadurch sind FBG-stabilisierte Diodenlaser geeignet für Pumpanwendungen mit moderaten Anforderungen an die (spektrale) Brillanz oder die Pumpeffizienz. Der Vorteil gegenüber VBG besteht hierbei darin, dass FBG kein zusätzliches Element im Strahlengang, sondern integriert in die Transportfaser sind. Durch die Reduzierung der Anzahl der Bauteile wird die mechanische Robustheit des Moduls erhöht.

Ein weiterer Vorteil von FBG ist die potentielle Flexibilität der selektierten Wellenlänge. Wird bspw. die Transportfaser an der Stelle des FBG durch ein Peltierelement gekühlt oder erwärmt, kann die Wellenlänge der Frequenzstabilisierung eingestellt werden. Typischerweise werden hier 11 pm/K Drift erzeugt. Für eine Wellenlängendrift der Größenordnung 1 nm ist dieses Verfahren allerdings nicht geeignet, da dazu knapp 90°C Temperaturdifferenz erforderlich sind. Eine Option zur Wellenlängeneinstellung über 1 nm hinaus besteht darin, das FBG nicht direkt in der Transportfaser zu platzieren, sondern in einer weiteren Faser, die per Faserstecker an die Transportfaser gekoppelt wird. Diese Möglichkeit erhöht die Flexibilität bei der Wahl der Stabilisierungswellenlänge bei einem einzelnen Modul, da je nach Bedarf verschiedene FBG an das gleiche Modul gekoppelt werden können. Der zusätzliche Faserstecker erhöht allerdings wieder die Komplexität des Moduls und die Steckverbindung ist verlustbehaftet.

Weiterhin bietet die Facettenreflektivität noch Optmierungspotential. Wird diese reduziert und für die Frequenzstabilisierung optimiert, sind die Verluste für die freilaufende Strahlung höher und der stabilisierte Betrieb wird früher erreicht. Folglich können FBG mit geringerer Reflektivität eingesetzt werden. Dadurch steigt zusätzlich die am Faserausgang zur Verfügung stehende optische Leistung, da die vom FBG zurückgekoppelten Leistungsanteile sinken.

Im Kontext der Serienfertigung von Einzel- und Multiemitter-Laserdiodenmodulen besteht der Vorteil von FBG insbesondere darin, dass die Module bis auf das FBG identisch sind und in Serie gefertigt werden können. Das FBG wird nachträglich je nach Anwendungsanforderung in die Transportfaser eingebracht. Bei der Frequenzstabilisierung mit VBG hingegen kann die Designwellenlänge nicht nachträglich geändert werden, ohne das Modulgehäuse wieder zu öffnen.

5.2. FBG als faserintegrierte Resonatorspiegel für Faserlaser

Beim klassischen Faserlaseraufbau wird die aktive Faser mit einer Pumpstrahlquelle, beispielsweise einer fasergekoppelten Hochleistungslaserdiode, gepumpt. Die Strahlung der Pumpquelle wird dazu kollimiert und mittels einer zweiten Strahlformungsoptik in die Faser gekoppelt. Zwischen Pumplaser und Einkoppelfacette ist ein dichroitischer Spiegel angeordnet, der für die Pumpwellenlänge transmittierend ist, für die Faserlaserwellenlänge jedoch hoch-reflektierend (R>0,99, HR: high reflective). Hinter der Auskoppelfacette des Faserlasers ist ein weiterer dichroitischer (Auskoppel)Spiegel angeordnet, der gering-reflektierend (R<0,10, LR: low reflective) für die Faserlaserwellenlänge ist. Über die beiden faserexternen, dichroitischen Spiegel wird ein vollständiger Resonator gebildet (Abb. 5.15(a)).
Auf Grundlage der in Kap. 5.1 dargestellten Ergebnisse zum Einsatz von MM-FBG als externer Resonatorspiegel für Diodenlaser wird in diesem Kapitel erarbeitet, ob und wie MM-FBG als faserintegrierte Auskoppelspiegel in multimodigen Faserlaseresonatoren eingesetzt werden können (Abb. 5.15(b)). Neben der Vereinfachung des Resonators erfolgt durch das MM-FBG als Auskoppelspiegel erwartungsgemäß auch beim Faserlaser eine Frequenzstabilisierung und die Zentralwellenlänge bleibt über den Ausgangsleistungsbereich nahezu konstant, bei gleichzeitig verringerter spektraler Emissionsbandbreite. Allgemein gilt, dass die Komplexität von Antireflexbeschichtungen auf optischen Elementen mit dem Einfallswinkel der Strahlung sowie mit der spektralen Bandbreite steigt. Durch eine geringe spektrale Bandbreite der zu formenden Laserstrahlung bei bekannter Zentralwellenlänge kann also die Effizienz der Beschichtungen der nachfolgenden Strahlformungsoptiken gesteigert werden (Anh. A.5).
Im ersten Schritt wird dazu ein MM-FBG in eine multimodige, passive Faser geschrieben und als Faserlaser-Auskoppelspiegel eingesetzt, um die Auswirkungen auf die Emissionscharakteristik eines Faserlasers zu analysieren.
Im nächsten Schritt wird das FBG in den aktiven, dotierten Faserkern geschrieben, mit dem Ziel ein Multi-kW-Faserlasersystem mit FBG-LR-Auskoppelspiegel aufzubauen. Um MM-FBG nicht nur als LR-Auskoppelspiegel nutzen zu können, sondern auch als HR-Resonatorspiegel einzusetzen, werden dann Methoden diskutiert, um die FBG-Reflektivität zu erhöhen.
Abschließend wird in diesem Kapitel die Umsetzung eines monolithisch aufgebauten Faserlasers demonstriert, bei dem der Resonator über zwei FBG als faserintegrierter HR- und LR-Spiegel realisiert ist (Abb. 5.15(c)).

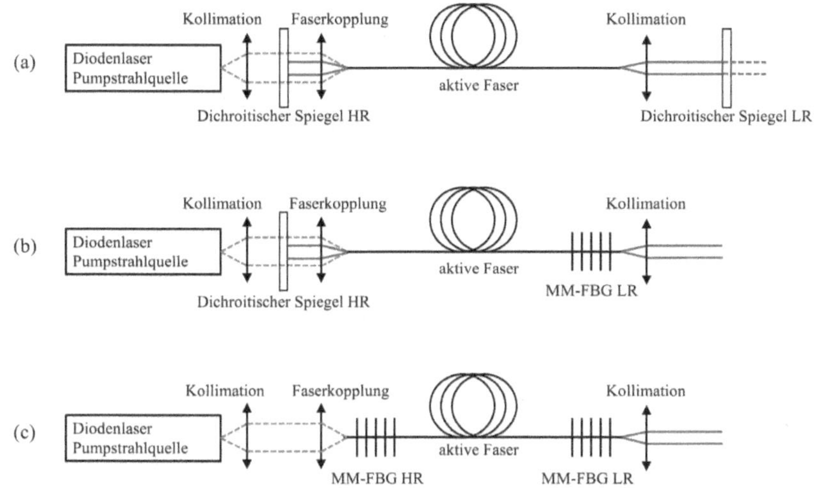

Abbildung 5.15.: Schematische Darstellung (a) eines konventionellen Faserlaseraufbaus im Vergleich zur vereinfachten Aufbauweise mit (b) einem MM-FBG als Auskoppelspiegel und (c) mit MM-FBG für beide Resonatorspiegel zur Übersicht der Vorgehensweise in diesem Kapitel.

5.2.1. Validierung: MM-FBG in passiver Faser als Auskoppelspiegel eines Faserlasers

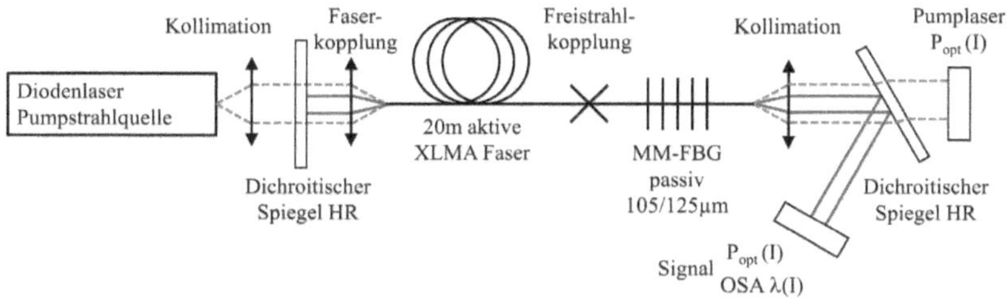

Abbildung 5.16.: Schematischer Aufbau eines Faserlasers mit MM-FBG in einer passiven Faser als gering-reflektierender Auskoppelspiegel.

Mit dem nachfolgend beschriebenen experimentellen Aufbau wird untersucht, ob MM-FBG prinzipiell geeignet sind, um bei Faserlasern als Resonatorauskoppelspiegel mit simultaner Frequenzstabilisierung eingesetzt werden können.

Die Ergebnisse wurden teilweise bereits in [156] veröffentlicht. Hierzu wird ein gering-reflektierendes FBG in eine passive Faser (105/125 µm, NA=0,22) geschrieben, welches den gering-reflektierenden dichroitischen Auskoppelspiegel ersetzt (Abb. 5.15(b),

5.16). Die aktive Extra-Large-Mode-Area-Faser (XLMA-Faser, Kerndurchmesser 65 µm, NA=0,1) des Faserlaserresonators wird über eine Freistahlkopplung mit der passiven MM-FBG-Faser gekoppelt. Die Freistrahlkopplung besteht aus einer Abbildungsoptik, die die Austrittsfacette des Resonatorfaserkerns auf die Eintrittsfacette der FBG-Faser mit der Vergrößerung 1,6 abbildet. Die aktive Faser wird mit einem Diodenlaser gepumpt, und mittels dichroitischer Spiegel am Faserausgang wird die nicht absorbierte Pumpstrahlung von der Signalleistung getrennt und mit einem thermischen Leistungsmesskopf gemessen. Die Signallaserleistung wird am dichroitischen Spiegel in Reflexion ausgekoppelt und Spektrum sowie optische Ausgangsleistung werden in Abhängigkeit der Pumpleistung gemessen. Im Folgenden werden die spektrale Emissionsbandbreite, Zentralwellenlänge, spektrale Halbwertsbreite (FWHM) und optische Ausgangsleistung in Abhängigkeit von der absorbierten Pumpleistung zusammengefasst, jeweils ohne und mit MM-FBG mit R=0,05- bzw. R=0,08-FBG (Abb.5.17). Wird kein FBG als gering-reflektierender Resonatorspiegel eingesetzt, fungiert die polierte Austrittsfacette der aktiven Faser durch die Fresnel-Reflexionen am Faser-Luft-Übergang als nicht-wellenlängenselektives Rückkoppelelement.

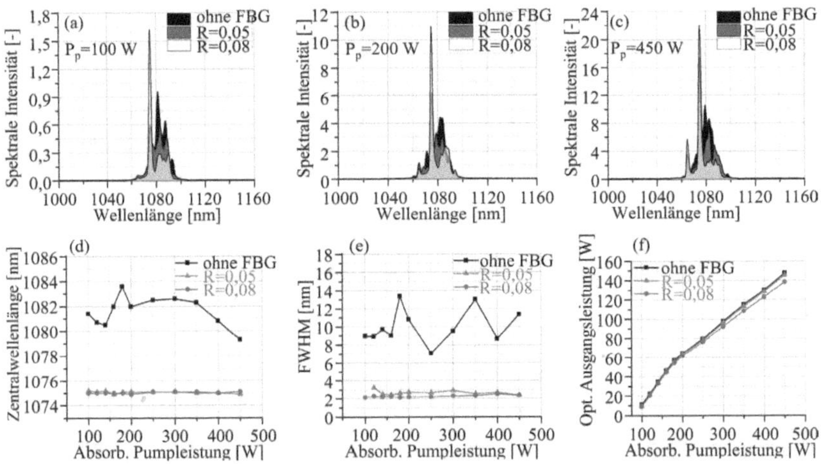

Abbildung 5.17.: (a)-(c) Spektrale Emissionsbandbreite ohne FBG, mit R=0,05- bzw. R=0,08-FBG für die Pumpleistungen 100 W, 200 W, 450 W. Die spektrale Intensität ist flächennormiert auf die entsprechende Ausgangsleistung.
(d),(e) Zentralwellenlänge und spektrale Halbwertsbreite in Abhängigkeit von der absorbierten Pumpleistung ohne FBG und mit R=0,05- bzw. R=0,08-FBG.
(e) Optische Ausgangsleistung in Abhängigkeit von der absorbierten Pumpleistung ohne FBG und mit R=0,05- bzw. R=0,08-FBG.

Spektrum und optische Ausgangsleistung

Im freilaufenden Betrieb ohne FBG beträgt die Zentralwellenlänge 1081,6 nm, die spektrale Halbwertsbreite 10,0 nm und die optische Ausgangsleistung 148 W bei 450 W absorbierter Pumpleistung. Die absorbierte Pumpleistung ist die Differenz aus der eingekoppelten Pumpleistung und der an der Austrittsfacette transmittierten Pumpleistung, hier betrachtet unter Vernachlässigung der Fresnel-Verluste.
Bei Betrieb mit einem MM-FBG als wellenlängenselektives Rückkoppelelement verändern sich die spektralen Emissionseigenschaften wie bereits aufgrund der Vorarbeiten in Kap. 5.1 zu erwarten: Die Zentralwellenlänge wird zur Bragg-Wellenlänge verschoben und beträgt 1075,1 nm (R=0,05) bzw. 1075,0 nm (R=0,08), die spektrale Halbwertsbreite beträgt 2,7 nm (R=0,05) bzw. 2,3 nm (R=0,08) und wird somit um den Faktor 3,7 bzw 4,3 reduziert (ohne FBG: 10,0 nm). Bei 450 W absorbierter Pumpleistung beträgt die optische Ausgangsleistung 146 W bzw. 139 W im Vergleich zu 148 W ohne MM-FBG.
Zusammenfassend sind MM-FBG also grundsätzlich als LR-Auskoppelspiegel auch für Faserlaserresonatoren geeignet. Da eine Freistrahlkopplung des Resonators in eine passive MM-Faser mit FBG jedoch aufwändiger als der klassische Faserlaseraufbau ist, wird im nächsten Schritt das FBG direkt in den aktiven Faserkern geschrieben.

5.2.2. Laboraufbau: MM-FBG in aktiver Faser als Auskoppelspiegel

Das gering-reflektierende FBG (0,04<R<0,1) wird direkt in den Kern der aktiven Faser, nahe der Auskoppelfacette, geschrieben. Somit entfällt die Freistrahlkopplung in eine passive Faser. Die Kollimationsoptik und der dichroitische HR-Spiegel sind weiterhin vorhanden. Das FBG-Faserstück ist zur passiven Kühlung auf einen wassergekühlten Kupferhalter montiert. Um eine mögliche Überhitzung durch Streulicht zu verhindern, wird die MM-FBG-Temperatur mittels einer Thermokamera überwacht (Abb. 5.18).

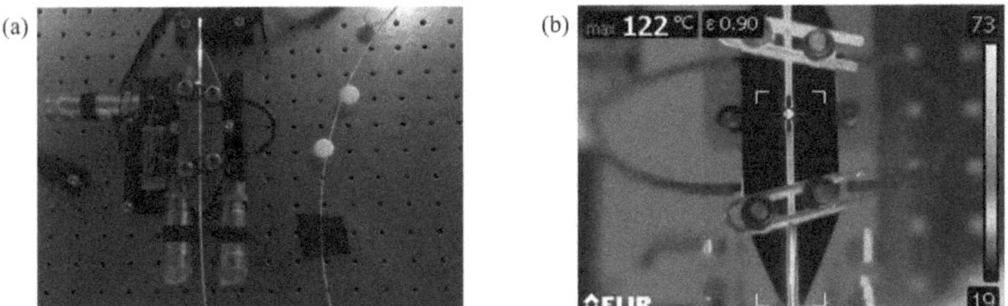

Abbildung 5.18.: (a)MM-FBG-Faserstück auf wassergekühltem Kupferhalter, (b) gleicher Bildausschnitt aus Thermografiemessung bei maximaler Ausgangsleistung (815 W).

Optische Ausgangsleistung, Spektrum und Temperatur

Die gemessene maximale optische Ausgangsleistung beträgt 815,7 W bei 1730 W absorbierter Pumpleistung, die Zentralwellenlänge ist 1078,9 nm (Abb. 5.19(a)). Die thermische Drift der Zentralwellenlänge beträgt für den Leistungsbereich mit verbesserter Kühlung 1,5 pm/W. Hierbei trägt die temperaturabhängige Änderung des Brechungsindex des Faserkerns hauptsächlich zur Änderung der Bragg-Wellenlänge bei (Kap. 2.2). Das temperaturabhängige Verhältnis der Bragg-Wellenlängen λ_{B} lautet

$$\frac{\lambda_{\mathrm{B,T_{max}}}}{\lambda_{\mathrm{B,T_{min}}}} = (1 + \Delta T \frac{\mathrm{d}n}{\mathrm{d}T})(1 + \Delta T \alpha) \tag{5.1}$$

mit dem thermischen Ausdehnungskoeffizienten α=0,58·10^{-6}K^{-1}, der thermischen Brechungsindexänderung $\frac{\mathrm{d}n}{\mathrm{d}T}$=9,5·$10^{-6}$K^{-1} [125], [157] und der Temperaturdifferenz $\Delta T = T_{\max} - T_{\min}$. Hieraus folgt eine FBG-Temperaturänderung von ΔT=110°C und eine absolute FBG-Temperatur von T=131°C bei Laborumgebung (Starttemperatur T=21°C). Das ist in guter Übereinstimmung mit der Thermografiemessung von T=122°C (Abb. 5.18). Durch die Kühlung des FBG-Faserstücks und dem daraus entstehenden Temperaturgradienten der Faseraußenseite zum Faserkern hin, ist die berechnete Faserkerntemperatur geringfügig höher als die gemessene Temperatur auf der Faseroberfläche. Die Temperaturänderung des MM-FBG über den Ausgangsleistungsbereich beträgt bei der passiven Wasserkühlung 0,13 K/W.

Bei der optischen Ausgangsleistung von 531,7 W (FBG-Temperatur 113,2°C) wird durch einen verbesserten Wärmeübergang zu dem Kupferhalter die Kühlung des FBG-Faserstücks verbessert. Dadurch sinkt die Temperatur des FBG um 20°C und damit auch die Zentralwellenlänge um zirka 0,2 nm (Abb. 5.19(b), Abb. 5.20).

Die spektrale Halbwertsbreite beträgt bei maximaler Ausgangsleistung 0,55 nm und ist über den gesamten Ausgangsleistungsbereich geringer als 0,57 nm, also um mehr als 90% reduziert verglichen mit der Halbwertsbreite ohne FBG.

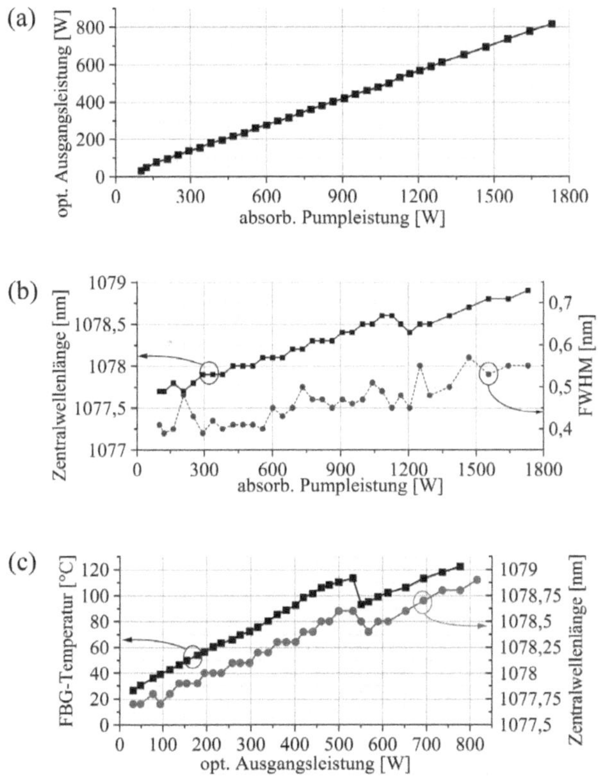

Abbildung 5.19.: (a) Optische Ausgangsleistung,
(b) Zentralwellenlänge und spektrale Halbwertsbreite (FWHM) abhängig von der absorbierten Pumpleistung. Verbesserte Kühlleistung ab 1000 W absorbierter Pumpleistung.
(b) Mittels Thermokamera gemessene FBG-Temperatur und Zentralwellenlängen abhängig von der optischen Ausgangsleistung.

Vergleich mit und ohne FBG:
Spektrale Kenndaten, Strahlqualität und optische Ausgangsleistung

Zur Bewertung der Ergebnisse werden die spektralen Kenndaten, die Strahlqualität und die optische Ausgangsleistung (bis 203 W) im Betrieb mit und ohne FBG vergleichen. Beim Betrieb ohne FBG fungiert der Fresnel-Reflex der polierten Auskoppelfacette als nicht-wellenlängenselektives, gering-reflektierendes Rückkoppelelement. Bei diesem breitbandigen Reflex ist die Zentralwellenlänge 1088,8 nm und damit etwa 11 nm höher als im Betrieb mit MM-FBG (1077,6 nm). Die mit MM-FBG verstärkte Rückkopplung bei der Bragg-Wellenlänge führt also zu einer Verschiebung der Zentralwellenlänge zur Bragg-Wellenlänge. Weiterhin ist die spektrale Halbwertsbreite

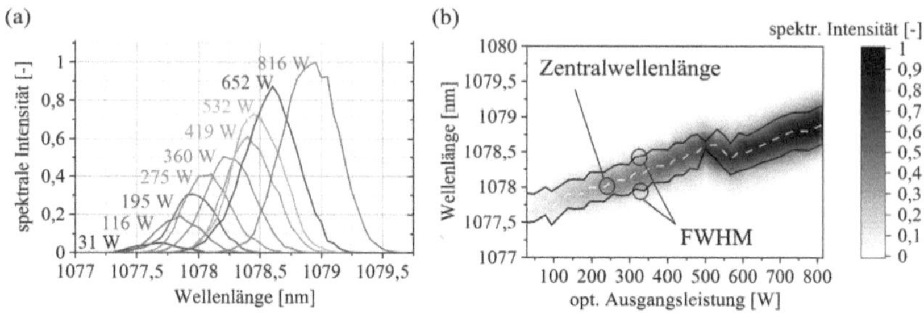

Abbildung 5.20.: (a) Spektrale Intensität bei verschiedenen Ausgangsleistungen, jeweils flächennormiert auf die optische Ausgangsleistung.
(b) Spektrale Intensität abhängig von der optischen Ausgangsleistung, gekennzeichnet sind der Verlauf der Zentralwellenlänge und der spektralen Halbwertsbreite (FWHM).

(FWHM) im freilaufenden Betrieb mit 11,5 nm um den Faktor 27 größer als mit FBG (0,4 nm). Die verglichenen Kennwerte wurden jeweils bei der gleichen optischen Ausgangsleistung von 203 W gemessen (Abb. A.6).

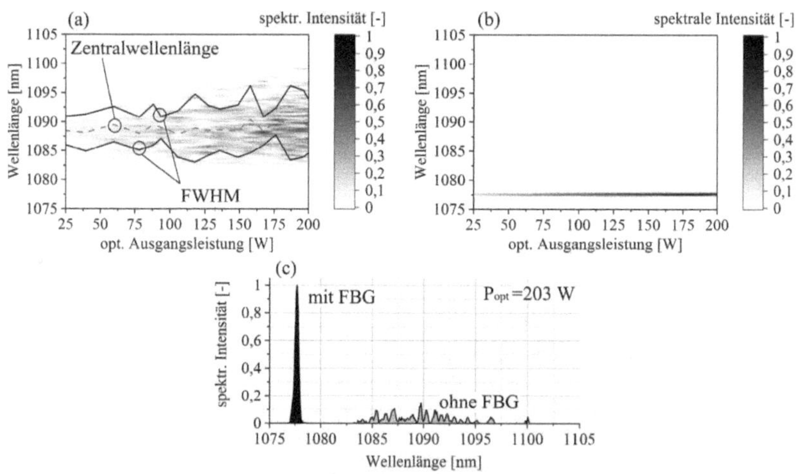

Abbildung 5.21.: Spektrale Intensität abhängig von der optischen Ausgangsleistung (a) ohne und (b) mit MM-FBG in der aktiven Faser als geringreflektierender Auskoppelspiegel. Detailansicht von (b) in Anh. A.6
(c) Spektrum mit und ohne FBG, jeweils bei einer optischen Ausgangsleistung von P=203 W, flächengleich skaliert.

Über den Ausgangsleistungsbereich 10 W bis 203 W ist die spektrale Halbwertsbreite ohne FBG durchschnittlich bei 7,23 nm mit einer Standardabweichung von 3,04 nm. Zusätzlich ist eine leicht steigende Tendenz der spektralen Halbwertsbreite mit zu-

nehmender Ausgangsleistung zu verzeichnen (Abb. 5.22(a)). Im Betrieb mit FBG ist der FWHM-Durchschnittswert 0,42 nm mit einer Standardabweichung von unter 0,02 nm. Somit ist die spektrale Halbwertsbreite über den gesamten Bereich deutlich stabiler. Auch die Zentralwellenlänge ist beim Betrieb mit FBG über den Arbeitsbereich konstant mit reduzierter thermischer Drift: 1077,6 nm±0,04 nm gegenüber 1088,82 nm±0,82 nm. Die Strahlqualität verschlechtert sich mit FBG von durchschnittlich 8,7 auf 9,9. Mögliche Ursache dafür sind Streuverluste am FBG, bei denen im Faserkern geführtes Licht in den Mantel gekoppelt wird und so die Strahlqualität negativ beeinflusst.
Die Effizienz des hier diskutierten, experimentellen Aufbaus beträgt 0,54 mit 203 W optischer Ausgangsleistung, die maximal erzielte Konversionseffizienz beträgt 0,57 bei 78 W Ausgangsleistung. In der Faser werden etwa 375 W der eingekoppelten 464 W absorbiert. Die im Rahmen des Forschungsprojekts bereitgestellte Faser mit einer Länge von 20 m ist zu kurz für eine vollständige Absorption der Pumpstrahlung. Da zur Verbesserung der Effizienz eine längere Faser nicht zur Verfügung steht, wird über eine Rückfaltung die transmittierte Pumpstrahlung genutzt, um die aktive Faser beidseitig zu pumpen. Dazu wird der dichroitische Auskoppelspiegel an der Austrittsfacette aus Abb. 5.17 (hoch-reflektierend für die Signalstrahlung, hochtransmittierend für die Pumplichtstrahlung) gegen ein Substrat ausgetauscht, welches senkrecht zur Faserachse ausgerichtet ist und hoch-transmittierend für die Signalstrahlung und hoch-reflektierend für die Pumplichtstrahlung ist. So wird die nicht in der Faser absorbierte Pumpstrahlung wieder in den Resonator gekoppelt, während die Signalstrahlung in Transmission ausgekoppelt wird. Über diesen Ansatz lässt sich bei gleicher Pumpleistung (464 W) die Ausgangsleistung um mehr als 60 W auf 269 W steigern. Die so verbesserte Effizienz beträgt 0,58, bei sonst vergleichbaren spektralen Kenndaten (Zentralwellenlänge 1077,7 nm, FWHM 0,42 nm bei 269 W).

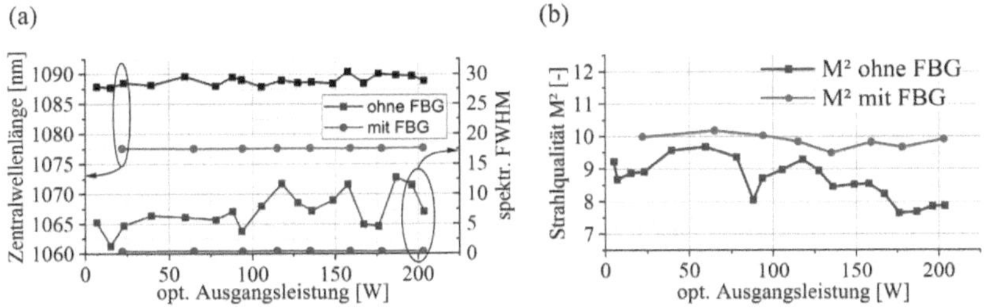

Abbildung 5.22.: Vergleich mit und ohne FBG: (a) Zentralwellenlänge und spektrale Halbwertsbreite (FWHM) abhängig von der Pumpstrahlung.
(b) Strahlqualität M^2 abhängig von der optischen Ausgangsleitung ohne und mit MM-FBG als Auskoppelspiegel in der aktiven Faser.

Hiermit wurde gezeigt, dass MM-FBG in den aktiven Faserkern geschrieben werden können und als Auskoppelspiegel mit gleichzeitiger Frequenzstabilisierung in hochmodigen Faserlaserresonatoren fungieren. Ein signifikanter Nachteil des in Kap. 5.2.2 diskutierten Aufbaus ist, dass die Temperatur des FBG aufgrund von Streuverlusten stark mit der Ausgangsleistung steigt und für höhere Ausgangsleistungen eine verbesserte Kühlung nötig ist. Weiterhin ist im Laboraufbau die Freistrahleinkopplung der Pumpstrahlung ein limitierender Faktor. Diese konnte nur bis zu einer Pumpleistung von 2000 W betrieben werden.

5.2.3. Industrietauglichkeit: MM-FBG in aktiver Faser als Auskoppelspiegel

Zur Demonstration der Industrietauglichkeit der MM-FBG als Auskoppelspiegel in Faserlasern mit Ausgangsleistungen in der Multi-kW-Klasse für den industriellen Einsatz wird ein solcher FBG-Auskoppelspiegel in eine aktive Faser geschrieben, welche in ein kommerziell verfügbares Industriefaserlasersystem der Multi-kW-Klasse eingebaut wird. Die Vorteile gegenüber dem Laboraufbau bestehen in einer verbesserten Pumplichteinkopplung und einer vollständig wassergekühlten Faser. Durch die industrietaugliche, robuste Pumpeinkopplung und verbesserte Kühlung der aktiven Faser kann die Pumpleistung bis zu 12 kW gesteigert werden. Die Laserstrahlung wird in eine passive Transportfaser gekoppelt und die Leistung dahinter gemessen. Zur Ermittlung der Effizienz wird über einen dichroitischen Spiegel die transmittierte Pumpleistung ausgekoppelt und gemessen (vgl. Kap. 5.2.2). Weiterhin wird ein Dauertest über etwa 300 Stunden durchgeführt. Die optische Ausgangsleistung und spektralen Kenndaten werden vor und nach dem Dauertest gemessen.

Charakterisierung vor dem Dauertest – Erstinbetriebnahme

Bei der Erstinbetriebnahme beträgt die maximale optische Ausgangsleistung hinter der Transportfaser 8113 W bei einer Pumpleistung von 11 890 W, wovon 10 715 W in der aktiven Faser absorbiert werden. Die Effizienz in Bezug auf die absorbierte Pumpleistung beträgt 0,76. Bezogen auf die insgesamt eingekoppelte Pumpleistung sinkt die Effizienz auf 0,68 (Abb. 5.23(a),(c),(d)). Die Zentralwellenlänge beträgt 1077,48 nm bei 287 W Ausgangsleistung und driftet durch die thermisch induzierte Ausdehnung und Brechungsindexänderung um 1,75 nm auf 1079,23 nm bei der maximalen Ausgangsleistung. Aus der temperaturabhängigen Bragg-Bedingung (Gl. 5.1) resultiert aus dieser Zentralwellenlängendifferenz von 1,75 nm eine Faserkerntemperaturänderung von 161°C. Aus physikalischer Sicht ist eine Faserkerntemperatur von knapp unter 200°C unkritisch, da eine vollständige Gitterausheilung erst bei über 800°C auftritt (Kap. 3.2.2, Faser-Gitter Typ II), und die hier geschriebenen Gitter nicht aus Farbzentren bestehen.
Die thermische Drift beträgt 11 pm/K bzw. 0,22 pm/W, und durch die verbesserte Kühlung sinkt die FBG-Temperaturänderung auf 0,021 K/W.
Die spektrale Halbwertsbreite steigt geringfügig mit steigender Ausgangsleistung (Steigung bei linearer Regression: 0,06 nm/kW Ausgangsleistung (korrigiertes R^2=0,6)) und beträgt bei maximaler Ausgangsleistung 0,85 nm.

Charakterisierung nach dem Dauertest – 300 Stunden Dauerbetrieb

Werden beim Schreibverfahren Farbzentren erzeugt, die zur Gitterreflektivität beitragen, ist zu erwarten, dass diese Defekte bei etwa 200°C ausheilen. Typischerweise entstehen Farbzentren beim FBG-Schreibvorgang in Mehrkomponentengläsern. Die

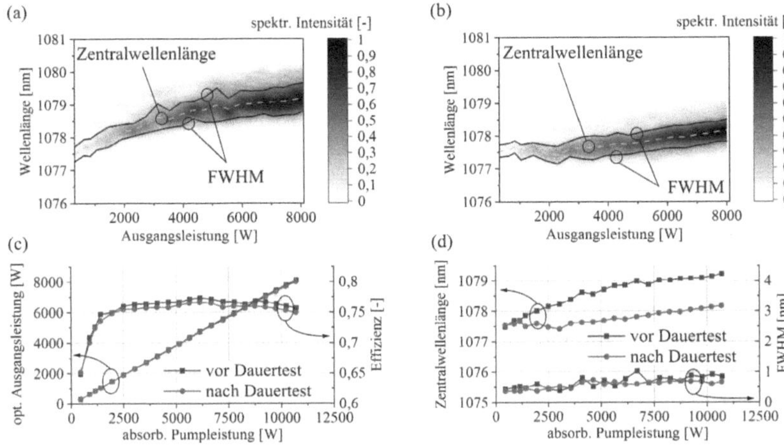

Abbildung 5.23.: Vergleich mit und ohne FBG: (a) Spektrale Intensität abhängig von der optischen Ausgangsleistung vor dem Dauertest (300 h), (b) nach dem Dauertest. (c) Vergleich der optischen Ausgangsleistung und optisch-optischen Effizienz vor und nach dem Dauertest, abhängig von der absorbierten Pumpleistung und (d) Zentralwellenlänge und spektrale Halbwertsbreite vor und nach dem Dauertest, in Abhängigkeit von der absorbierten Pumpleistung.

Farbzentren tragen einerseits zu einer Erhöhung der Gitterreflektivität bei, sind aber auch absorbierend und tragen damit zur Gittererwärmung und einer Verringerung der Transmission bei.
Zur Überprüfung, ob das FBG für den dauerhaften Einsatz in einem Multi-kW-System geeignet ist, wird ein Dauertest über zirka 300 Stunden bei maximaler optischer Ausgangsleistung durchgeführt.

Nach dem Dauertest beträgt die Zentralwellenlänge
1077,54 nm bei 292 W Ausgangsleistung und 442 W absorbierter Pumpleistung. Beide Werte sind nahezu identisch zur Zentralwellenlänge und Ausgangsleistung vor dem Langzeittest bei gleicher absorbierter Pumpleistung (Abb. 5.23 (b),(d)). Bei maximaler Pumpleistung ist die maximale optische Ausgangsleistung 8012 W und damit weniger als 2% (100 W) geringer als vor dem Dauertest. Bei maximaler Ausgangsleistung ist die Zentralwellenlänge 1078,17 nm und um etwa 1 nm weniger zu langen Wellenlängen verschoben. Aus dieser Reduzierung der thermisch induzierten Wellenlängendrift folgt, dass die Temperaturdifferenz gegenüber dem Beginn der Messung 58°C ist. Diese im Vergleich zur Erstinbetriebnahme starke Reduzierung der Faserkerntemperatur um 58°C (103°C statt 161°C) spricht dafür, dass bei dem FBG-Schreibvorgang Farbzentren und streuende Störstellen erzeugt wurden, die nach einigen Stunden im Dauerbetrieb ausgeheilt werden und so die Temperaturakkumu-

lation durch Streuverluste reduziert wird. Da die Zentralwellenlänge weiterhin bei der Bragg-Wellenlänge des FBG liegt und die spektrale Halbwertsbreite weniger als 0,75 nm beträgt, ist das FBG nicht vollständig ausgeheilt und spektral schmalbandige Rückkopplung findet weiterhin statt. Bei einem vergleichbaren Faserlaserresonator mit dichroitischem, spektral breitbandigem Rückkoppelspiegel ist die spektrale Halbwertsbreite typischerweise um den Faktor 5 höher (Anh. A.7).
Nach dem Dauertest beträgt die Effizienz 0,75 (bezogen auf die absorbierte Pumpleistung) und ist damit vergleichbar mit der Effizienz vor dem Dauertest. Ist für die Umsetzung des Konzepts in Faserlasern bekannt, dass aufgrund der Glaskomposition der aktiven Faser Farbzentren beim FBG-Schreibvorgang entstehen, kann die gezielte Erwärmung des FBG bis etwa 200°C genutzt werden, um diese Störstellen aufzulösen und so anschließend einen stabilen Laserbetrieb ohne weitere Verschiebung der Zentralwellenlänge zu gewährleisten. Ist ein Tempervorgang in einem Ofen aufgrund der Fasergröße nicht durchführbar, ist auch ein Dauerbetrieb bis zur Stabilisierung der Zentralwellenlänge geeignet.

5.2.4. Vollständig faserintegrierter Resonator – MM-FBG als HR- und LR-Resonatorspiegel

Nach der Demonstration der Eignung von MM-FBG als Auskoppelspiegel von Faserlaserresonatoren (Abb. 5.15(b)), wird in diesem Abschnitt untersucht, ob MM-FBG für den Einsatz als hoch-reflektierender (HR) Spiegel geeignet sind (Abb. 5.15(c)).
Dazu wird zusätzlich zu einem gering-reflektierenden Auskoppelgitter ($R_{\mathrm{LR}} \approx 0,1$) ein HR-Gitter als Endspiegel des Resonators an das andere Ende der etwa 15 m langen, aktiven Faser in den Kern geschrieben. Die Faser ist identisch zu der in Kap. 5.2.2, die Zentralwellenlänge der spektralen Emission ohne FBG liegt bei 1090 nm.
Die Phasenmaske zur Erzeugung der Interferenz ist gechirpt (Zentralperiode Λ_{PM}=1477,3 nm, Chirpfaktor C_{r}=3,43 nm/cm, Gitterlänge L=25 mm), und zum Schreiben der Gitter wird das lineare Schreibverfahren eingesetzt, da die aktive Faser aufgrund ihrer Größe und Steifigkeit nicht für das rotationssymmetrische Schreibverfahren geeignet ist. Mechanisch wären hierzu aufwendige Halterungen der großen Faserrolle notwendig, die im Labor der genutzten Laseranlage nicht umgesetzt werden konnten. Während das LR-Gitter nur etwa 65% des Kerns bedeckt, ist der transversale Durchmesser des HR-Gitters in x-Richtung größer als der Kerndurchmesser, um möglichst die gesamte Kernfläche abzudecken (Abb. 5.24). Dass die Brechungsindexmodifikation vom Kern in das umgebene Material ragt, wird Kopplungsverluste erzeugen, da im Kern geführte Strahlung in das Mantelmaterial gelangt.
Bei dem Aufbau werden die an HR- und LR-Gitter ausgekoppelte Signalleistung, die eingekoppelte und die an der Auskoppelseite transmittierte Pumpleistung, sowie das Spektrum der Signalleistung ausgewertet.
Bei der maximalen Signalleistung von 121 W beträgt die Zentralwellenlänge 1074,34 nm, ist also zur Bragg-Wellenlänge hin verschoben. Auch die spektrale Halbwertsbreite ist mit 0,4 nm um den Faktor 27 im Vergleich zum Betrieb ohne FBG reduziert.
Aus der am HR-Gitter austretenden und der am LR-Gitter ausgekoppelten Signalleistung wird die Effizienz relativ zur absorbierten Pumpleistung zu η=0,47 bestimmt. Wird nur die am LR-Gitter ausgekoppelte Signalleistung betrachtet, sinkt die Effi-

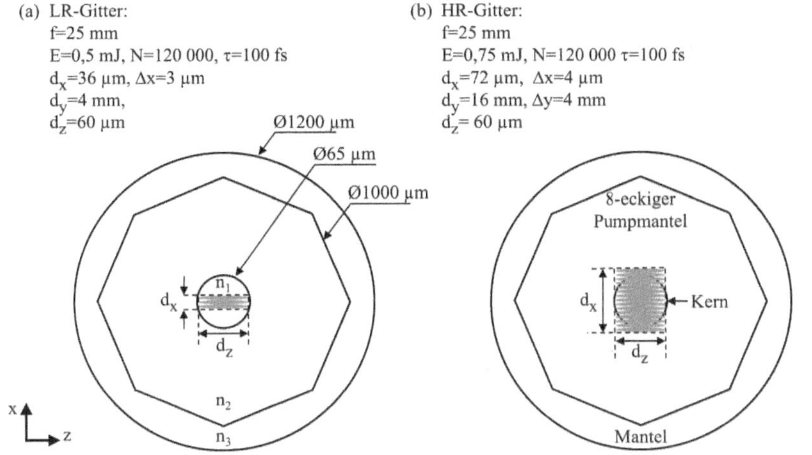

Abbildung 5.24.: Schematische Darstellung des in den aktiven Kern geschriebenen (a) LR- und (b) HR-Gitter. In Strahlungspropgationsrichtung der Faser ist das HR-Gitter vierfach hintereinander geschrieben, das LR-Gitter nur einfach. Die Brechungsindexmodifikation des Kerns ragt aufgrund der geometrischen Form in das Mantel-Material.

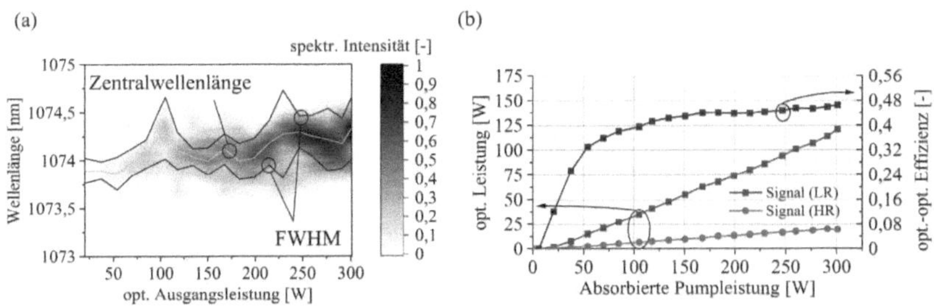

Abbildung 5.25.: (a) Spektrale Intensität, Zentralwellenlänge und Verlauf der spektralen Halbwertsbreite des monolithisch aufgebauten Faserlaserresonators in Abhängigkeit von der optischen Ausgangsleistung und (b) an LR- und HR-Gitter ausgekoppelte Signalleistung, sowie optisch-optische Effizienz der gesamten Signalleistung, bezogen auf die absorbierte Pumpleistung.

zienz bezogen auf die absorbierte Pumpleistung auf η=0,40.
Die Reflektivität des HR-Gitters wird mittels der faseroptischen Simulationssoftware PR Fiber Power [158] zu 0,7<R_{HR}<0,8 abgeschätzt. Da das Gitter in den Randbereichen in z-Richtung nicht den vollständigen Faserkernquerschnitt bedeckt, erreicht die HR-Gitterreflektivität nicht den angestrebten Wert von 0,99.
Bei einem vergleichbaren experimentellen Aufbau wurde ein hoch-reflektierendes

MM-FBG mittels linearem Schreibverfahren in den aktiv dotierten Kern einer Faser mit rechteckigem Querschnitt geschrieben. Das geschriebene Gitter ist so dimensioniert, dass der transversale Durchmesser in x- und z-Richtung den Kernabmessungen entspricht. Auch hierbei wurde eine maximale Reflektivität von $0{,}7<R_{\mathrm{HR}}<0{,}8$ erzielt. Die Ergebnisse sind in [159] publiziert, Details zum Schreibvorgang sind in Anh. A.8 dokumentiert.
In einer Vorstudie zu diesem Prototyp eines vollständig monolithisch aufgebauten, multimodigen Faserlaserresonator wurde ein HR-Gitter mit einem geringeren transversalen Durchmesser geschrieben, bei dem das Gitter nicht in den Pumpmantel ragt (detaillierte Kenndaten Anh. A.9). Die erzielte Effizienz der gesamten optischen Signalleistung bezogen auf die absorbierte Pumpleistung, beträgt 0,53 und ist vergleichbar mit der erzielten Effizienz der gleichen Faser im konventionellen Aufbau (0,54, Kap. 5.2.1) und im Vergleich etwa 12% höher als bei dem HR-Gitter mit größerem Durchmesser. Die gemessene maximale Ausgangsleistung bei dem maximalen Pumpstrom beträgt 129 W und ist etwa 5% höher. Damit steigert der vergrößerte Gitterdurchmesser des HR-MM-FBG zwar die Gitterreflektivität, führt aber zu Verlusten der eingekoppelten Pumpleistung. Hieraus resultiert eine Verringerung der am LR-Gitter zur Verfügung stehenden Signalleistung und der optisch-optischen Effizienz.

5.2.5. Zusammenfassung der MM-FBG als faserintegrierter Resonatorspiegel

Zur Übersicht und dem Vergleich der Ergebnisse aus Kap. 5.2.2 bis 5.2.3 sind in Tabelle 5.2 die spektralen Kenndaten und die jeweilige optische Ausgangsleistung zusammengefasst.
Insgesamt wurde in Kap. 5.2 erarbeitet, dass MM-FBG mittels Phasenmaskentechnik und scannender Schreibstrategie in den aktiven Faserkern eines Faserlaserresonators geschrieben werden und als Auskoppelspiegel fungieren. Im Vergleich zu einem externen, spektral breitbandig reflektierenden, dichroitischen Spiegel ist die spektrale Halbwertsbreite um etwa 80% reduziert mit einer Zentralwellenlänge bei der Bragg-Wellenlänge des Fasergitters. Insbesondere für die Antireflex-Beschichtung der optischen Komponenten zur Formung der Faserlaserstrahlung ist eine geringe spektrale Emissionsbandbreite bei einer definierten Zentralwellenlänge von Vorteil, da die Verluste der Beschichtungen für geringe spektrale Bandbreiten geringer sind als für breitbandig ausgelegte. Insbesondere die Effizienz von Dünnschichtpolarisatoren sinkt bei hohen spektralen Bandbreiten (Anh. A.5).

			Labor-aufbau	Industrie-aufbau Inbetrieb-nahme	Industrie-aufbau nach Dauertest
opt. Ausgangsleistung	P_{opt}	[W]	816	8113	8012
Pumpleistung	P_{pump}	[W]	2000	11 890	
absorb. Leistung	P_{absorb}	[W]	1730	10 715	10 686
Pumpeffizienz	$P_{\text{opt}}/P_{\text{pump}}$	[-]	0,47	0,68	0,67
Effizienz	$P_{\text{opt}}/P_{\text{absorb}}$	[-]	0,41	0,76	0,75
Zentralwellenlänge	λ_0	[nm]	1078,9	1079,2	1078,2
spekt. Halbwertsbreite	$\Delta\lambda_{\text{FWHM}}$	[nm]	0,42	0,85	0,67
Temperaturdrift	ΔT	[K]	110	161	58
FBG-Tempraturanstieg	$\mathrm{d}T/\mathrm{d}P$	[K/W]	0,13	0,02	<0,01
Therm. Wellenlängendrift	$\mathrm{d}\lambda/\mathrm{d}P$	[pm/W]	1,5	0,2	<0,1

Tabelle 5.2.: Zusammenfassung der Ergebnisse der Faserlaserresonatoren mit MM-FBG als Auskoppelspiegel.

6. Zusammenfassung und Ausblick

6.1. Zusammenfassung

Faser-Bragg-Gitter (FBG) bestehen aus einer periodischen Modulation des Brechungsindex des Faserkerns entlang der Propagationsrichtung der geführten Strahlung. Diese Brechungsindexmodifikation wird mittels fokussierter, ultra-kurz gepulster Laserstrahlung in das Fasermaterial eingebracht. Hierbei überschreitet die Intensität im Fokus den Schwellwert zur Multiphotonenabsorption des zu bearbeitenden, dielektrischen Materials, wodurch die Brechungsindexmodifikationen induziert werden (Kap. 3.2).
Die drei Forschungsschwerpunkte dieser Forschungsarbeit sind die Entwicklung eines Herstellungsverfahrens zum Schreiben von Faser-Bragg-Gitter in passiven und aktiven, hochmodigen Faserkernen, ihre Anwendung in der Frequenzstabilisierung von Hochleistungslaserdioden und in aktiven Fasern als Resonatorspiegel von Faserlaserresonatoren.
Das entwickelte Herstellungsverfahren für FBG in großen Faserkernen basiert auf der Phasenmaskentechnik, bei der eine Phasenmaske als Transmissionsgitter für den Bearbeitungslaser eingesetzt wird (Kap. 4.1). Um ein FBG zu schreiben, wird die Faser im entstehenden Interferenzmuster platziert, dessen Modulationsperiode die Gitterperiode des FBG definiert. Zur Maximierung des Energieeintrags wird mit einer Zylinderlinse ein Linienfokus erzeugt, der kollinear zum Faserkern ausgerichtet wird. Für die Anwendung dieses, für monomodige Fasern etablierten Verfahrens auf hochmodige Faserkerne, werden ein lineares und ein rotationssymmetrisches, scannendes Schreibverfahren entwickelt (Kap. 4.2.1). Beim linearen Schreibverfahren wird der FBG-Schreibvorgang in diskreten Abständen entlang des transversalen Kernquerschnitts wiederholt. Der Vorteil des Verfahrens besteht darin, dass zuverlässig Fasergitter mit einer Reflektivität von $R<0{,}1$ in kurzer Zeit (<15 min) erzeugt werden. Nachteilig ist, dass die so entstehenden Gitter im transversalen Querschnitt einen runden Kern nur unvollständig bedecken. Da zur Maximierung der Reflektivität eine vollständige Bedeckung des Kernquerschnitts nötig ist, können mit dem linearen Schreibverfahren ohne Weiteres keine hoch-reflektierenden Gitter hergestellt werden (Kap. 3.1.5). Beim rotationssymmetrischen Schreibverfahren wird die zu bearbeitende Faser in Rotationshaltern platziert, sodass der FBG-Schreibvorgang wiederholt wird, nachdem die Faser in definierten Winkelinkrementen um die Faserachse rotiert wurde. Vorteilhaft bei diesem Verfahren ist, dass die Rotationssymmetrie des Faserkerns genutzt wird und der Brechungsindex entlang des Kernquerschnitts vollständig modifiziert werden kann, ohne gleichzeitig den Mantel zu modifizieren. So wurden hoch-reflektierende Gitter mit $R>0{,}7$ erzeugt. Da die praktische Umsetzung aufwendiger ist als das lineare Schreibverfahren, besteht der Nachteil darin, dass die Erzeugung der Gitter länger dauert.
Bei der Analyse der Einflüsse der Laserparameter auf die Fasergitter-Eigenschaften

wurde erarbeitet, dass eine zu hoch gewählte Laserpulsenergie zwar die Gitter-Reflektivität erhöht, aber gleichzeitig das Material geschädigt wird und die Gittertransmission sinkt. Für die Anzahl der eingebrachten Bearbeitungspulse existiert ein Schwellwert, ab dem die Gitter-Reflektivität nicht weiter steigt, allerdings eine ungewollte Brechungsindexmodifikation neben dem Fokus entstehen kann. Weiterhin wurde in Übereinstimmung mit der Theorie gezeigt, dass die Gitter-Reflektivität mit dem transversalen Gitterdurchmesser und mit verbesserter Homogenität des modifizierten Querschnitts steigt.

Die zu wählende Pulsdauer und Anzahl der Bearbeitungspulse hängt von der gewählten Bearbeitungsbrennweite und damit vom Fokusvolumen ab, innerhalb welchem die Schwellintensität der Multiphotonenabsorption überschritten wird. In diesem Vorhaben wurde ein ultra-kurz gepulstes Lasersystem im nahen Infrarot (800 nm) und dem Rohstrahldurchmesser 6 mm mit der Brennweite 20 mm kombiniert. Bei einer Pulsenergie von etwa 0,35 mJ, Pulsdauer von 100 fs und linearen Scanschritten von 3 µm wurden zuverlässig Gitter mit einer Reflektivität R<0,1 geschrieben, wobei die erzielte Reflektivität über die Anzahl der eingebrachten Bearbeitungspulse (N<1 000 000) und dem transversalen Gitterdurchmesser bzw. Anzahl der Scanschritte variiert wurde.

Im zweiten Forschungsschwerpunkt wurden gering-reflektierende Fasergitter mit einer Reflektivität zwischen 0,03 und 0,08 in passiven, hochmodigen Fasern (105/125 µm, NA=0,2) als spektral schmalbandiges Rückkoppelelement für die Frequenzstabilisierung von Laserdioden eingesetzt (Kap. 5.1). Die erzielte spektrale Halbwertsbreite bei maximaler optischer Ausgangsleistung wurde im Vergleich zum freilaufenden Betrieb um etwa 80% auf etwa 1 nm reduziert, und die Zentralwellenlänge der spektralen Emission lag bei der Bragg-Wellenlänge des Fasergitters. Neben der für die Frequenzstabilisierung typischen reduzierten spektralen Emissionsbandbreite wurde auch die thermisch induzierte Wellenlängendrift um zirka 80% auf weniger als 0,5 nm/W reduziert. Die spektrale Halbwertsbreite wird durch eine steigende Gitter-Reflektivität noch geringfügig reduziert, jedoch steht durch den höheren, zurückgekoppelten Leistungsanteil potentiell weniger optische Ausgangsleistung hinter der Transportfaser zur Verfügung und die Lebensdauer der Laserdiode kann negativ beeinflusst werden. Eine Abhängigkeit zwischen dem Spektrum und dem Fernfeld des FBG-Reflex konnte nicht nachgewiesen werden. Im Vergleich mit fasergkoppelten Diodenlasern, die mit Volumen-Bragg-Gittern (VBG) frequenzstabilisiert werden, besteht der Vorteil der FBG darin, dass sie als Rückkoppelelement in die vorhandene Faser integriert sind. Durch die Reduzierung der Anzahl der optischen Elemente wird die mechanische Robustheit des System erhöht und gleichzeitig der Justageaufwand reduziert. Nachteilig ist hingegen, dass die mit FBG erzielte spektrale Halbwertsbreite um den Faktor 3 größer sind. Für Anwendungen mit entsprechend hohen Anforderungen an die spektrale Brillanz sind daher VBG zu bevorzugen.

Im dritten Forschungsschwerpunkt wurden gering-reflektierende Fasergitter direkt in den Kern einer aktiv dotierten Faser geschrieben, um den Auskoppelspiegel des Faserlaserresontors zu bilden (Kap. 5.2). Im Vergleich zu einem externen, dichroitischen Auskoppelspiegel, wurde die spektrale Emssionsbandbreite des Faserlaser mit FBG-Auskoppelspiegel etwa um 80% auf etwa 0,9 nm reduziert, und die Zentralwellenlänge lag bei der Bragg-Wellenlänge. Insbesondere konnte die Industrietauglichkeit der FBG-Auskoppelspiegel in hochmodigen Faserlaserresonatoren mit einer optischen

Ausgangsleistung von 8 kW gezeigt werden (Kap. 5.2.3). Der Einsatz von FBG anstelle der externen, dichroitischen Spiegel vereinfacht den Aufbau eines Faserlaserresonators und erhöht damit die mechanische Robustheit des Lasers. Zusätzlich ist die Reduktion der spektrale Emissionsbandbreite bei einer definierten Zentralwellenlänge für die optische Antireflexbeschichtung einer nachfolgender Strahlformungsoptik von Vorteil, da die Effizienz der Beschichtung mit sinkender spektraler Breite bei definierter Zentralwellenlänge steigt.

Zusammenfassend wurde in dieser Forschungsarbeit ein Herstellungsverfahren für FBG in hochmodigen, aktiven und passiven Fasern entwickelt und der Einsatz erfolgreich demonstriert. Die hergestellten FBG in passiven Fasern wurden zur Frequenzstabilisierung von Laserdioden eingesetzt und die Auswirkungen verschiedener Gitterparameter auf die spektrale Emissionscharakteristik eingehend untersucht. So wurde gezielt die spektrale Brillanz der Laserdioden verbessert, indem die spektrale Halbwertsbreite reduziert wurde.
Mit eine FBG in der aktiven Faser wurde der Auskoppelspiegel eines Faserlaserresonators mit über 8 kW Ausgangsleistung realisiert, und abschließend wurde in dieser Forschungsarbeit ein Prototyp eines vollständig monolithisch aus FBG aufgebauten Faserlaserresonators mit 150 W optischer Ausgangsleistung demonstriert, bei dem FBG sowohl für den LR- als auch HR-Spiegel zum Einsatz kommen.

6.2. Ausblick

Im dritten Forschungsschwerpunkt wurde ein Prototyp eines vollständig monolithisch aufgebauten Faserlasers mit hoch- und gering-reflektierenden FBG-Resonatorspiegeln aufgebaut (Kap. 5.2.4). Die Herausforderung bei der Maximierung der Gitter-Reflektivität für das hoch-reflektierende Fasergitter besteht darin, dass das Gitter für alle im Kern geführten Moden die Bragg-Bedingung erfüllt und gleichzeitig homogen über den gesamten transversalen Kernquerschnitt geschrieben sein muss. Über eine gechirpte Gitterperiode konnte zwar die Bragg-Bedingung für alle Moden mit ihren individuellen Propagationskonstanten erfüllt werden, jedoch konnte aufgrund der Fasersteifigkeit der Faserkern nicht mit dem rotationssymmetrischen Schreibverfahren bearbeitet werden. Das angewandte lineare Schreibverfahren hat den Nachteil, dass ein FBG mit großem Querschnitt in den Mantel ragt und daher die Einkoppeleffizienz der Pumpleistung durch Streuverluste reduziert ist. Für eine Gitter-Reflektivität $R>0{,}95$ muss ein FBG-Schreibaufbau entwickelt werden, mit dem Fasern hoher Steifigkeit und großem Wickelradius bei Faserlängen >20 m mit dem rotationssymmetrischen Schreibverfahren bearbeitet werden können.
Bei dem hier entwickelten FBG-Herstellungsverfahren wird der Kunststoffschutzmantel der Faser vor der Bearbeitung entfernt, da die Zerstörschwelle des Kunststoffmantels unterhalb der Intensitätsschwelle zur Brechungsindexmodifikation liegt und so beim FBG-Schreibvorgang der Kunststoffmantel zerstört werden würde. Dies macht das Aufbringen eines neuen Kunststoffmantels zur Wiederherstellung der mechanischen Robustheit der Faser notwendig, nachdem das Gitter in den Kern geschrieben wurde. Alternativ kann das FBG-Schreibverfahren so modifiziert werden,

dass der Mantel beim Schreibvorgang nicht zerstört wird, wie bspw. in [160] gezeigt. Zusätzlich kann das modifizierte Faserstück mit einer Metallhülse geschützt werden.

In dieser Forschungsarbeit wurde das Schreiben von FBG in hochmodigen, aktiven und passiven Glasfasern gezeigt, sowie ihre Anwendung für die Frequenzstabilisierung von Laserdioden und als Auskoppelspiegel von Faserlaserresonatoren. Dies stellt eine vielversprechende Erweiterung der bereits vielfältigen Einsatzmöglichkeiten der monomodigen FBG aus dem Stand der Technik dar. Insbesondere der Ausblick auf vollständig monolithisch aufgebaute Faserlaserresonatoren bietet noch Forschungspotential, um eine Gitter-Reflektivität >0,95 zu erreichen.

Literaturverzeichnis

[1] X. Liu, "Future Direction of High Power Diode Laser Technologies for Wide Applications and High Market Growth," in *SPIE Photonics West Industry Events*, SPIE, 6.03.2021 - 12.03.2021, S. 20, ISBN: 9781510643710. DOI: 10.1117/12.2595748.

[2] G. Costa Rodrigues, J. Pencinovsky, M. Cuypers und J. R. Duflou, "Theoretical and experimental aspects of laser cutting with a direct diode laser," in *Optics and Lasers in Engineering*, Bd. 61, S. 31–38. DOI: 10.1016/j.optlaseng.2014.04.013.

[3] M. N. Zervas und C. A. Codemard, "High Power Fiber Lasers: A Review," *IEEE Journal of Selected Topics in Quantum Electronics*, Jg. 20, Nr. 5, S. 219–241, 2014, ISSN: 1077-260X. DOI: 10.1109/JSTQE.2014.2321279.

[4] U. Sampath, D. Kim, H. Kim und M. Song, "Polymer-coated FBG sensor for simultaneous temperature and strain monitoring in composite materials under cryogenic conditions," *Applied optics*, Jg. 57, Nr. 3, S. 492–497, 2018, ISSN: 1559-128X. DOI: 10.1364/AO.57.000492.

[5] T. Mizunami, T. Mori und T. Fujiyoshi, "Long-Period Fiber Gratings and their Sensing Applications," *International Conference on Fibre Optics and Photonics*, T2B.1, 2012. DOI: 10.1364/PHOTONICS.2012.T2B.1.

[6] F. Stutzki, C. Jauregui, C. Voigtländer u. a., "Passively stabilized 215-W monolithic CW LMA-fiber laser with innovative transversal mode filter," in *Fiber Lasers VII: Technology, Systems, and Applications*, K. Tankala, Hrsg., Ser. SPIE Proceedings, SPIE, 2010, 75801K. DOI: 10.1117/12.841662.

[7] Christian Voigtländer, Ria G. Krämer, Andreas Liem, Thomas Schreiber, Andreas Tünnermann und Stefan Nolte, "1 kW fiber laser oscillator with fs-written fiber Bragg gratings," *The European Conference on Lasers and Electro-Optics*, CJ_11_3, 2015.

[8] E. Wikszak, J. Thomas, J. Burghoff u. a., "Erbium fiber laser based on intracore femtosecond-written fiber Bragg grating," *Optics letters*, Jg. 31, Nr. 16, S. 2390–2392, 2006, ISSN: 0146-9592. DOI: 10.1364/ol.31.002390.

[9] T. Erdogan, "Fiber grating spectra," *Journal of Lightwave Technology*, Jg. 15, Nr. 8, S. 1277–1294, 1997. DOI: 10.1109/50.618322.

[10] J. Thomas, N. Jovanovic, R. G. Becker u. a., "Cladding mode coupling in highly localized fiber Bragg gratings: modal properties and transmission spectra," *Optics express*, Jg. 19, Nr. 1, S. 325–341, 2011. DOI: 10.1364/OE.19.000325.

[11] J. U. Thomas, N. Jovanovic, R. G. Krämer u. a., "Cladding mode coupling in highly localized fiber Bragg gratings II: complete vectorial analysis," *Optics express*, Jg. 20, Nr. 19, S. 21 434–21 449, 2012. DOI: 10.1364/OE.20.021434.

[12] J. Thomas, C. Voigtländer, R. G. Becker, D. Richter, A. Tünnermann und S. Nolte, "Femtosecond pulse written fiber gratings: a new avenue to integrated fiber technology," *Laser & Photonics Reviews*, Jg. 6, Nr. 6, S. 709–723, 2012, ISSN: 18638880. DOI: 10.1002/lpor.201100033.

[13] T. Mizunami, T. V. Djambova, T. Niiho und S. Gupta, "Bragg gratings in multimode and few-mode optical fibers," *Journal of Lightwave Technology*, Jg. 18, Nr. 2, S. 230–235, 2000, ISSN: 1558-2213. DOI: 10.1109/50.822797.

[14] M. J. Schmid und M. S. Müller, "Measuring Bragg gratings in multimode optical fibers," *Optics express*, Jg. 23, Nr. 6, S. 8087–8094, 2015. DOI: 10.1364/OE.23.008087.

[15] J. Thomas, E. Wikszak, T. Clausnitzer u. a., "Inscription of fiber Bragg gratings with femtosecond pulses using a phase mask scanning technique," *Applied Physics A*, Jg. 86, Nr. 2, S. 153–157, 2006, ISSN: 0947-8396. DOI: 10.1007/s00339-006-3754-2.

[16] *11th International Conference on Integrated Optics and Optical Fibre Communications. 23rd European Conference on Optical Communications IOOC-ECOC97*, IEE, 22-25 Sept. 1997, ISBN: 0 85296 697 0.

[17] M. Ackermann, G. Rehmann, R. Lange u. a., "Extraction of more than 10kW from a single ytterbium-doped MM-fiber," *Fiber Lasers XVI: Technology and Systems*, Jg. 10897, S. 42, 2019, ISSN: 97815106. DOI: 10.1117/12.2509307.

[18] A. L. Carter und I. Hartl, Hrsg., *Fiber Lasers XV: Technology and Systems*, SPIE, 27.01.2018 - 01.02.2018, ISBN: 9781510615090.

[19] M. Börner, "Mehrstufiges Übertragungssystem fuer in Pulscodemodulation dargestellte Nachrichten," DE1254513B, 1967.

[20] A. Keller, *Breitbandkabel und Zugangsnetze*. Berlin, Heidelberg: Springer Berlin Heidelberg, 2011, ISBN: 978-3-642-17630-2. DOI: 10.1007/978-3-642-17631-9.

[21] H. Naumann, G. Schröder und M. Löffler-Mang, *Handbuch Bauelemente der Optik: Grundlagen, Werkstoffe, Geräte, Messtechnik*, 7., vollst. überarb. u. erw. Aufl. 2014, ISBN: 3446426256.

[22] K. O. Hill, Y. Fujii, D. C. Johnson und B. S. Kawasaki, "Photosensitivity in optical fiber waveguides: Application to reflection filter fabrication," *Applied Physics Letters*, Jg. 32, Nr. 10, S. 647–649, 1978, ISSN: 0003-6951. DOI: 10.1063/1.89881.

[23] K. M. Davis, K. Miura, N. Sugimoto und K. Hirao, "Writing waveguides in glass with a femtosecond laser," *Optics letters*, Jg. 21, Nr. 21, S. 1729–1731, 1996, ISSN: 0146-9592. DOI: 10.1364/ol.21.001729.

[24] K. Itoh, W. Watanabe, S. Nolte und C. B. Schaffer, "Ultrafast Processes for Bulk Modification of Transparent Materials," *MRS Bulletin*, Jg. 31, Nr. 8, S. 620–625, 2006, ISSN: 0883-7694. DOI: 10.1557/mrs2006.159.

[25] C. Kalupka, *Energiedeposition von ultrakurz gepulster Laserstrahlung in Gläsern* (Ergebnisse aus der Lasertechnik), 1. Auflage. Aachen: Apprimus Verlag, 2019, ISBN: 978-3-86359-713-9.

[26] A. Othonos und K. Kalli, *Fiber Bragg gratings: Fundamentals and applications in telecommunications and sensing* (Artech House optoelectronics library). Boston, Mass.: Artech House, 1999, ISBN: 0890063443.

[27] A. Siekiera, R. Engelbrecht, L. Buethe und B. Schmauss, "Simultaneous Sensing of Temperature and Strain by Combined FBG and Mode-Interference Sensors," in *Signal processing in photonic communications*, Ser. OSA technical digest (online), Bd. 2012, Washington, DC: OSA The Optical Society, 2012, BTu2E.6, ISBN: 978-1-55752-946-6. DOI: 10.1364/BGPP.2012.BTu2E.6.

[28] R. I. Laming, W. H. Loh, X. Gu, M. N. Zervas, M. J. Cole und A. D. Ellis, "Dispersion compensation with chirped fiber Bragg grating to 400 km at 10 Gbit/s in nondispersion-shifted fiber," *Optical Fiber Communication Conference*, ThA5, 1996.

[29] R. Min, S. Korganbayev, C. Molardi u. a., "Largely tunable dispersion chirped polymer FBG," *Optics letters*, Jg. 43, Nr. 20, S. 5106–5109, 2018, ISSN: 0146-9592. DOI: 10.1364/OL.43.005106.

[30] P. I. Reyes, N. Litchinitser, M. Sumetsky und P. S. Westbrook, "160-Gb/s tunable dispersion slope compensator using a chirped fiber Bragg grating and a quadratic heater," *IEEE Photonics Technology Letters*, Jg. 17, Nr. 4, S. 831–833, 2005, ISSN: 1041-1135. DOI: 10.1109/LPT.2005.843690.

[31] O. Xu, J. Zhang und J. Yao, "High speed and high resolution interrogation of a fiber Bragg grating sensor based on microwave photonic filtering and chirped microwave pulse compression," *Optics letters*, Jg. 41, Nr. 21, S. 4859–4862, 2016, ISSN: 0146-9592. DOI: 10.1364/OL.41.004859.

[32] N. A. Mohammed, M. Solaiman und M. H. Aly, "Design and performance evaluation of a dispersion compensation unit using several chirping functions in a tanh apodized FBG and comparison with dispersion compensation fiber," *Applied optics*, Jg. 53, Nr. 29, H239–47, 2014, ISSN: 1559-128X. DOI: 10.1364/AO.53.00H239.

[33] X. Liang, Y. Li, Z. Geng und Z. Liu, "Selective transverse mode operation of a fiber laser based on few-mode FBG for rotation sensing," *Optics express*, Jg. 27, Nr. 26, S. 37 964–37 974, 2019. DOI: 10.1364/OE.27.037964.

[34] E. A. Zlobina, S. I. Kablukov, A. A. Wolf, A. V. Dostovalov und S. A. Babin, "Mode Selection in High-Power Diode-Pumped Raman Fiber Laser by Means of Fs-Inscribed FBG," in *Applications of Lasers for Sensing and Free Space Communications*, Ser. OSA technical digest (online), Washington, D.C., USA: OSA - The Optical Society, 2016, JTu2A.16, ISBN: 978-1-943580-20-0. DOI: 10.1364/ASSL.2016.JTu2A.16.

[35] J. Hu, Z. Chen und C. Yu, "150-km Long Distance FBG Temperature and Vibration Sensor System Based on Stimulated Raman Amplification," *Journal of Lightwave Technology*, Nr. 30, S. 1237–1243, 2012.

[36] hbmcom, *newLight / Optische Faser-Bragg Sensoren*, 2019. Adresse: https://www.hbm.com/de/4599/new-light-optische-faser-bragg-sensoren/.

[37] B. J. Eggleton, A. Ahuja, P. S. Westbrook, J. A. Rogers, P. Kuo und T. N. Nielsen, "Integrated tunable fiber gratings for dispersion management in high-bit rate systems," *Journal of Lightwave Technology*, Nr. 18, S. 1418–1432, 2000.

[38] A. M. Vengsarkar, P. J. Lemaire, J. B. Judkins, V. Bhatia, T. Erdogan und J. E. Sipe, "Long-period fiber gratings as band-rejection filters," *Journal of Lightwave Technology*, Jg. 14, Nr. 1, S. 58–65, 1996. DOI: 10.1109/50.476137.

[39] A. M. Vengsarkar, J. R. Pedrazzani, J. B. Judkins, P. J. Lemaire, N. S. Bergano und C. R. Davidson, "Long-period fiber-grating-based gain equalizers," *Optics letters*, Jg. 21, Nr. 5, S. 336–338, 1996, ISSN: 0146-9592. DOI: 10.1364/ol.21.000336.

[40] Y. Huang, Y. Li, H. Wang u. a., "Wavelength stabilization of a 980-nm semiconductor laser module stabilized with high-power uncooled dual FBG," *Chinese Optics Letters*, Jg. 9, Nr. 3, S. 031 403–, 2011.

[41] Y. Zhou, P. Gao, X. Zhang, P. Wang, L. Chen und W. Gao, "Switchable multi-wavelength erbium-doped fiber laser based on a four-mode FBG," *Chinese Optics Letters*, Jg. 17, Nr. 1, 2019.

[42] R. G. Krämer, A. Liem, C. Voigtländer u. a., "514 W monolithic fiber laser with a femtosecond inscribed fiber Bragg grating," *Conference on Lasers and Electro-Optics - International Quantum Electronics Conference*, CJ_1_3, 2013.

[43] S. Nolte, J. Thomas, C. Voigtländer, R. G. Becker, D. Richter und A. Tünnermann, "Femtosecond laser induced fiber Bragg gratings in active and multi mode fibers," *CLEO/Europe and EQEC 2011 Conference Digest*, CJ10_1, 2011.

[44] S. Klein, M. Giesberts, M. Traub, O. Fitzau und D. Hoffmann, "Frequency stabilization of multimode diode lasers with fiber Bragg gratings," in *Proceedings of the 2019 IEEE High Power Diode Lasers and Systems Conference (HPD)*, [Piscataway, NJ]: IEEE, 2019, S. 21–22, ISBN: 978-1-7281-3097-2. DOI: 10.1109/HPD48113.2019.8938607.

[45] V. Kothari und S. Kumar, "Detection of damage in Oil and Gas Pipelines using FBG Sensor," in *Laser Science*, Ser. OSA technical digest (online), Washington, D.C., USA: OSA - The Optical Society, 2017, JTu2A.32, ISBN: 978-1-943580-33-0. DOI: 10.1364/FIO.2017.JTu2A.32.

[46] A. Gautam, R. R. Singh, A. Kumar, J. Thangaraj und V. Priye, "FBG Based Optical Surveillance Network for Oil and Gas Pipelines," in *Laser Science*, Ser. OSA technical digest, Washington, D.C., USA: OSA - The Optical Society, 2018, JW4A.85, ISBN: 978-1-943580-46-0. DOI: 10.1364/FIO.2018.JW4A.85.

[47] C. Meiring, G. Allwood, S. Hinckley und G. Wild, "Monitoring of Pressure in Pipelines using Externally-Mounted Fiber Bragg Gratings," in *Nonlinear Photonics*, Ser. OSA technical digest (online), Washington, D.C., USA: OSA - The Optical Society, 2016, BM5B.2, ISBN: 978-1-943580-17-0. DOI: 10.1364/BGPP.2016.BM5B.2.

[48] M. J. Nieto-Callejas, A. J. Castro-Caicedo und P. Torres, "Geotechnical inclinometer based on FBG," in *Latin America Optics and Photonics Conference*, Washington, D.C., USA: OSA - The Optical Society, 2018, W3B.5, ISBN: 978-1-943580-49-1. DOI: 10.1364/LAOP.2018.W3B.5.

[49] Y. Wang, P. Zhu, J. Wu, X. Sun und M. A. Soto, "Thermal and Residual Strain Response of an FBG-Based Temperature Sensor Embedded in Carbon Fiber Reinforced Composites," in *Optical fiber sensors*, Ser. OSA technical digest, Washington, D.C., USA: OSA - The Optical Society, 2018, WF86, ISBN: 978-1-943580-50-7. DOI: 10.1364/OFS.2018.WF86.

[50] Y. J. Rao, D. A. Jackson, L. Zhang und I. Bennion, "Strain sensing of modern composite materials with a spatial/wavelength-division multiplexed fiber grating network," *Optics letters*, Jg. 21, Nr. 9, S. 683–685, 1996, ISSN: 0146-9592. DOI: 10.1364/ol.21.000683.

[51] J. R. Galvão, T. P. de Bastos, C. R. Zamarreño, J. Canning, C. Martelli und J. C. C. d. Silva, "Smart Carbon Fiber Sensing Systems Applied to Biomechanics," in *2019 Conference on Lasers and Electro-Optics (CLEO)*, Piscataway, NJ: IEEE, 2019, JTu2A.9, ISBN: 978-1-943580-57-6.

[52] L. Li, D. Zhang, X. Wen und S. Peng, "FFPI-FBG hybrid sensor to measure the thermal expansion and thermo-optical coefficient of a silica-based fiber at cryogenic temperatures," *Chinese Optics Letters*, Jg. 13, Nr. 10, 2015.

[53] Y. Zhu, L. Hu, Z. Liu und M. Han, "Ultrasensitive ultrasound detection using an intracavity phase-shifted fiber Bragg grating in a self-injection-locked diode laser," *Optics letters*, Jg. 44, Nr. 22, S. 5525–5528, 2019, ISSN: 0146-9592. DOI: 10.1364/OL.44.005525.

[54] W. Demtröder, Hrsg., *Experimentalphysik 2: Elektrizität und Optik*. Berlin, Heidelberg: Springer Berlin Heidelberg, 2006, ISBN: 978-3-540-33794-2. DOI: 10.1007/978-3-540-33795-9.

[55] D. Wada, H. Igawa, M. Tamayama u. a., "Fiber-optic simultaneous distributed monitoring of strain and temperature for an aircraft wing during flight," *Applied optics*, Jg. 57, Nr. 36, S. 10 458–10 465, 2018, ISSN: 1559-128X. DOI: 10.1364/AO.57.010458.

[56] F. Pena, B. Martins und W. L. Richards, "Adaptive Load Control of Flexible Aircraft Wings Using Fiber Optic Sensing," in *Optical fiber sensors*, Ser. OSA technical digest, Washington, D.C., USA: OSA - The Optical Society, 2018, WF101, ISBN: 978-1-943580-50-7. DOI: 10.1364/OFS.2018.WF101.

[57] engionic Femto Gratings GmbH, *Produkt Portfolio*. Adresse: https://engionic-femto-gratings.de/de/home.

[58] fibercore.com, *Fiber Bragg Grating / FBG / Fibercore*. Adresse: https://fibercore.humaneticsgroup.com/products.

[59] A. D. Kersey, M. A. Davis, H. J. Patrick u. a., "Fiber grating sensors," *Journal of Lightwave Technology*, Jg. 15, Nr. 8, S. 1442–1463, 1997. DOI: 10.1109/50.618377.

[60] Lightmachinery, Inc., *HyperFine Spectrometer / LightMachinery*. Adresse: https://lightmachinery.com/spectrometers/.

[61] A. Almaiman, Y. Cao, A. Mohajerin-Ariaei u. a., "Coarse and Fine Continuously Tunable Optical Delay Using the Time-of-flight in Fiber Bragg Gratings and Wavelength Conversion," in *Optical Fiber Communication Conference*, Ser. OSA technical digest (online), Washington, D.C., USA: OSA - The Optical Society, 2018, W2A.34, ISBN: 978-1-943580-38-5. DOI: 10.1364/OFC.2018.W2A.34.

[62] M. Plattner, A. W. Koch, T. Zeh und A. Reutlinger, "FBG-Sensor-Interrogator mit Time-of-Flight- und Peak-Tracking-Algorithmen," *tm - Technisches Messen*, Jg. 77, Nr. 6, 2010, ISSN: 0171-8096. DOI: 10.1524/teme.2010.0023.

[63] Y. Lai, A. Martinez, I. Khrushchev und I. Bennion, "Distributed Bragg reflector fiber laser fabricated by femtosecond laser inscription," *Optics letters*, Jg. 31, Nr. 11, S. 1672–1674, 2006, ISSN: 0146-9592. DOI: 10.1364/ol.31.001672.

[64] M. Bernier, R. Vallée, B. Morasse, C. Desrosiers, A. Saliminia und Y. Sheng, "Ytterbium fiber laser based on first-order fiber Bragg gratings written with 400 nm femtosecond pulses and a phase-mask," *Optics express*, Jg. 17, Nr. 21, S. 18 887–18 893, 2009. DOI: 10.1364/OE.17.018887.

[65] E. Wikszak, J. Thomas, S. Klingebiel u. a., "Linearly polarized ytterbium fiber laser based on intracore femtosecond-written fiber Bragg gratings," *Optics letters*, Jg. 32, Nr. 18, S. 2756–2758, 2007, ISSN: 0146-9592. DOI: 10.1364/ol.32.002756.

[66] R. Goto, R. J. Williams, N. Jovanovic, G. D. Marshall, M. J. Withford und S. D. Jackson, "Linearly polarized fiber laser using a point-by-point Bragg grating in a single-polarization photonic bandgap fiber," *Optics letters*, Jg. 36, Nr. 10, S. 1872–1874, 2011, ISSN: 0146-9592. DOI: 10.1364/OL.36.001872.

[67] C. W. Song, Y. J. Zhang, B. Q. Yao u. a., "Double-clad Tm3+-doped silica fiber laser with Bragg grating inscribed directly into active core by femtosecond laser," *Laser Physics*, Jg. 19, Nr. 5, S. 1009–1012, 2009, ISSN: 1054-660X. DOI: 10.1134/S1054660X09050211.

[68] Y. Zhang, Y. Tian, W. Wang und B. Yao, "Tunable narrow linewidth Tm 3+ - doped silica fiber laser with an intracavity taper," *Laser Physics Letters*, Jg. 7, Nr. 3, S. 225–229, 2010, ISSN: 16122011. DOI: 10.1002/lapl.200910123.

[69] C. H. Yeh und C. W. Chow, "Single-longitudinal-mode erbium-doped fiber laser with novel scheme utilizing fiber Bragg grating inside ring cavity," *Laser Physics*, Jg. 20, Nr. 2, S. 512–515, 2010, ISSN: 1054-660X.

[70] T. Wang, Z. Yan, C. Mou u. a., "Narrow bandwidth passively mode locked picosecond Erbium doped fiber laser using a 45° tilted fiber grating device," *Optics express*, Jg. 25, Nr. 14, S. 16 708–16 714, 2017. DOI: 10.1364/OE.25.016708.

[71] G. Meltz, W. W. Morey und W. H. Glenn, "Formation of Bragg gratings in optical fibers by a transverse holographic method," *Optics letters*, Jg. 14, Nr. 15, S. 823–825, 1989, ISSN: 0146-9592. DOI: 10.1364/ol.14.000823.

[72] G. A. Ball und W. W. Morey, "Compression-tuned single-frequency Bragg grating fiber laser," *Optics letters*, Jg. 19, Nr. 23, S. 1979–1981, 1994, ISSN: 0146-9592. DOI: 10.1364/ol.19.001979.

[73] M. Bernier, R. Vallée, X. Pruneau-Godmaire, M.-A. Lapointe und B. Morasse, "Writing of fiber Bragg gratings using 400 nm femtosecond pulses and its application to high power fiber laser," in *Signal processing in photonic communications*, Ser. OSA technical digest (CD), Washington, DC: OSA The Optical Society, 2010, BWC5, ISBN: 978-1-55752-896-4. DOI: 10.1364/BGPP.2010.BWC5.

[74] L. Talbot, L.-C. Michaud, V. Boulanger, P. Paradis und M. Bernier, "Inner-cladding pump reflector based on chirped volume Bragg gratings," in *Components and Packaging for Laser Systems VI*, A. L. Glebov und P. O. Leisher, Hrsg., SPIE, 2/1/2020 - 2/6/2020, S. 26, ISBN: 9781510632851. DOI: 10.1117/12.2546707.

[75] G. Brochu, S. Gouin, E. Brown-Dussault u. a., "High performance FBG-based components for kilowatt fiber lasers power scaling," in *Components and Packaging for Laser Systems VI*, A. L. Glebov und P. O. Leisher, Hrsg., SPIE, 2/1/2020 - 2/6/2020, S. 24, ISBN: 9781510632851. DOI: 10.1117/12.2548351.

[76] M. Peters, V. Rossin und B. Acklin, "High-efficiency high-reliability laser diodes at JDS Uniphase," in *High-Power Diode Laser Technology and Applications III*, M. S. Zediker, Hrsg., Ser. SPIE Proceedings, SPIE, 2005, S. 142. DOI: 10.1117/12.611368.

[77] Y. Yamagata, Y. Kaifuchi, R. Nogawa, K. Yoshida, R. Morohashi und M. Yamaguchi, "Highly efficient 9xx-nm band single emitter laser diodes optimized for high output power operation," in *High-Power Diode Laser Technology XVIII*, M. S. Zediker, Hrsg., SPIE, 1.02.2020 - 06.02.2020, S. 2, ISBN: 9781510632875. DOI: 10.1117/12.2545721.

[78] P. Crump, C. M. Schultz, H. Wenzel u. a., "Reliable operation of 976nm high power DFB broad area diode lasers with over 60% power conversion efficiency," in *Novel In-Plane Semiconductor Lasers X*, A. A. Belyanin und P. M. Smowton, Hrsg., Ser. SPIE Proceedings, SPIE, 2011, 79531G. DOI: 10.1117/12.873781.

[79] P. Hildenstein, A. Sahm, D. Feise u. a., "High-power, high-beam quality miniaturized laser module for pumping of solid state lasers at 980 nm," in *High-Power Diode Laser Technology XVIII*, M. S. Zediker, Hrsg., SPIE, 1.02.2020 - 06.02.2020, S. 17, ISBN: 9781510632875. DOI: 10.1117/12.2543002.

[80] R. Paoletti, S. Codato, C. Coriasso u. a., "High power wavelength stabilized multiemitter semiconductor laser module using highly manufacturable DBR diode lasers," in *High-Power Diode Laser Technology XVIII*, M. S. Zediker, Hrsg., SPIE, 1.02.2020 - 06.02.2020, S. 19, ISBN: 9781510632875. DOI: 10.1117/12.2546030.

[81] K. Paschke, G. Blume, J. Pohl u. a., “Reliable high-spectral-radiance 635 nm tapered diode lasers with monolithically integrated distributed Bragg reflector,” in *High-Power Diode Laser Technology XVIII*, M. S. Zediker, Hrsg., SPIE, 1.02.2020 - 06.02.2020, S. 20, ISBN: 9781510632875. DOI: 10.1117/12.2545113.

[82] D. M. Hemenway, Z. Chen, M. Kanskar u. a., “Wavelength stabilized fiber-coupled diode laser modules for DPSS and fiber laser pumping,” in *High-Power Diode Laser Technology XVIII*, M. S. Zediker, Hrsg., SPIE, 1.02.2020 - 06.02.2020, S. 16, ISBN: 9781510632875. DOI: 10.1117/12.2547539.

[83] A. Sevian, O. Andrusyak, I. Ciapurin, V. Smirnov, G. Venus und L. Glebov, “Efficient power scaling of laser radiation by spectral beam combining,” *Optics letters*, Jg. 33, Nr. 4, S. 384–386, 2008, ISSN: 0146-9592. DOI: 10.1364/OL.33.000384.

[84] O. Andrusyak, V. Smirnov, G. Venus, V. Rotar und L. Glebov, “Spectral Combining and Coherent Coupling of Lasers by Volume Bragg Gratings,” *IEEE Journal of Selected Topics in Quantum Electronics*, Jg. 15, Nr. 2, S. 344–353, 2009, ISSN: 1077-260X. DOI: 10.1109/JSTQE.2009.2012438.

[85] S. Hengesbach, N. Krauch, C. Holly, M. Traub, U. Witte und D. Hoffmann, “High-power dense wavelength division multiplexing of multimode diode laser radiation based on volume Bragg gratings,” *Optics letters*, Jg. 38, Nr. 16, S. 3154–3157, 2013, ISSN: 0146-9592. DOI: 10.1364/OL.38.003154.

[86] S. Nippgen, S. Hengesbach, M. Traub und D. Hoffmann, “Apodized holographic beam combiners for dense wavelength multiplexing based on Gaussian-beam interference,” *Optics letters*, Jg. 37, Nr. 24, S. 5205–5207, 2012, ISSN: 0146-9592. DOI: 10.1364/OL.37.005205.

[87] S. Hengesbach, C. Holly, N. Krauch u. a., “High-power dense wavelength division multiplexing (HP-DWDM) of frequency stabilized 9xx diode laser bars with a channel spacing of 1.5 nm,” in *High-Power Diode Laser Technology and Applications XII*, M. S. Zediker, Hrsg., Ser. SPIE Proceedings, SPIE, 2014, S. 89650C. DOI: 10.1117/12.2036974.

[88] S. Hengesbach, S. Klein, C. Holly, U. Witte, M. Traub und D. Hoffmann, “Simultaneous frequency stabilization and high-power dense wavelength division multiplexing (HP-DWDM) using an external cavity based on volume Bragg gratings (VBGs),” in *High-Power Diode Laser Technology and Applications XIV*, M. S. Zediker, Hrsg., Ser. SPIE Proceedings, SPIE, 2016, 97330K. DOI: 10.1117/12.2212550.

[89] U. Witte, D. Rubel, M. Traub, M. Hamann, S. Hengesbach und D. Hoffmann, “Dense Wavelength Multiplexing and 35 µm-Fiber Coupling of Wavelength Chirped High Power Diode Laser Bars,” in *Advanced solid state lasers*, Ser. OSA technical digest (online), Washington, DC: OSA The Optical Society, 2015, AF1A.6, ISBN: 978-1-943580-02-6. DOI: 10.1364/ASSL.2015.AF1A.6.

[90] P. Crump, S. Knigge, A. Maaßdorf u. a., "Low-loss smile-insensitive external frequency-stabilization of high power diode lasers enabled by vertical designs with extremely low divergence angle and high efficiency," in *High-Power Diode Laser Technology and Applications XI*, M. S. Zediker, Hrsg., Ser. SPIE Proceedings, SPIE, 2013, 86050T. DOI: 10.1117/12.2000528.

[91] *Roithner Lasertechnik - Fiber Coupled Laser Diodes.* Adresse: http://www.roithner-laser.com/ld_fiber.php.

[92] Lumics GmbH, *Multimode Diode Laser.* Adresse: https://www.lumics.de/products/multimode-diode-laser/.

[93] IPG Laser GmbH, *Dioden, Diodenlaser & Systeme / 10 bis 1500 W.* Adresse: https://www.ipgphotonics.com/de/products/lasers/diode-laser-systems.

[94] nLIGHT, Inc., *Semiconductor Lasers — nLIGHT.* Adresse: https://www.nlight.net/semiconductor-lasers-products.

[95] Laserline GmbH, *LDM-Serie.* Adresse: https://www.laserline.com/de-int/ldm-serie/.

[96] J. Frejlich, *Photorefractive materials: Fundamental concepts, holographic recording and materials characterization.* Hoboken, N.J: Wiley-Interscience, 2007, ISBN: 978-0471748663. DOI: 10.1002/0470089067.

[97] K. Zagorulko, P. Kryukov, Y. Larionov u. a., "Fabrication of fiber Bragg gratings with 267 nm femtosecond radiation," *Optics express*, Jg. 12, Nr. 24, S. 5996–6001, 2004. DOI: 10.1364/opex.12.005996.

[98] L. Sudrie, A. Couairon, M. Franco u. a., "Femtosecond laser-induced damage and filamentary propagation in fused silica," *Physical review letters*, Jg. 89, Nr. 18, S. 186 601, 2002, ISSN: 0031-9007. DOI: 10.1103/PhysRevLett.89.186601.

[99] X. Guan, R. Zhang, B. Jia u. a., "Electronic and optical properties of Ge-doped silica optical fiber," *Modern Physics Letters B*, Jg. 33, Nr. 12, S. 1 950 150, 2019, ISSN: 0217-9849. DOI: 10.1142/S0217984919501501.

[100] R. Kashyap, *Fiber Bragg gratings*, 2. ed. 2010, ISBN: 9780123725790.

[101] L. B. Fu, G. Tan, W. J. Xu u. a., "Ultraviolet-initiated reactions of H(2) with germanosilicate fibers and H(2) concentration dependence of the Bragg wavelength of a fiber grating," *Optics letters*, Jg. 25, Nr. 8, S. 527–529, 2000, ISSN: 0146-9592. DOI: 10.1364/ol.25.000527.

[102] P. Rutthongjan, P. Sudwilai und O.-a. Tangmettajittakul, "The study of effects of hydrogen loading time to the photosensitivity in optical fiber in term of writing time," in *The Twentieth Microoptics Conference*, Piscataway, NJ: IEEE, 2015, S. 1–2, ISBN: 978-4-8634-8487-0. DOI: 10.1109/MOC.2015.7416461.

[103] A. Q. Wu, I. H. Chowdhury und X. Xu, "Femtosecond laser absorption in fused silica: Numerical and experimental investigation," *Physical Review B*, Jg. 72, Nr. 8, S. 1657, 2005, ISSN: 0038-5646. DOI: 10.1103/PhysRevB.72.085128.

[104] K. O. Hill, B. Malo, K. A. Vineberg, F. Bilodeau, D. C. Johnson und I. Skinner, "Efficient mode conversion in telecommunication fibre using externally written gratings," *Electronics Letters*, Jg. 26, Nr. 16, S. 1270, 1990, ISSN: 00135194. DOI: 10.1049/el:19900818.

[105] Y. Kondo, K. Nouchi, T. Mitsuyu, M. Watanabe, P. G. Kazansky und K. Hirao, "Fabrication of long-period fiber gratings by focused irradiation of infrared femtosecond laser pulses," *Optics letters*, Jg. 24, Nr. 10, S. 646–648, 1999, ISSN: 0146-9592. DOI: 10.1364/ol.24.000646.

[106] A. Othonos, "Fiber Bragg gratings," *Review of Scientific Instruments*, Jg. 68, Nr. 12, S. 4309–4341, 1997, ISSN: 0034-6748. DOI: 10.1063/1.1148392.

[107] S. Antipov, M. Ams, R. J. Williams, E. Magi, M. J. Withford und A. Fuerbach, "Direct infrared femtosecond laser inscription of chirped fiber Bragg gratings," *Optics express*, Jg. 24, Nr. 1, S. 30–40, 2016. DOI: 10.1364/OE.24.000030.

[108] S. J. Mihailov, C. W. Smelser, P. Lu u. a., "Fiber bragg gratings made with a phase mask and 800-nm femtosecond radiation," *Optics letters*, Jg. 28, Nr. 12, S. 995–997, 2003, ISSN: 0146-9592. DOI: 10.1364/ol.28.000995.

[109] J. W. Arkwright und H. Zhou, "A technique for accurately calibrating the motion of a phase mask used to inscribe complex fibre Bragg grating structures," *Optics express*, Jg. 16, Nr. 6, S. 3807–3817, 2008. DOI: 10.1364/oe.16.003807.

[110] C. Voigtländer, J. Thomas, E. Wikszak, P. Dannberg, S. Nolte und A. Tünnermann, "Chirped fiber Bragg gratings written with ultrashort pulses and a tunable phase mask," *Optics letters*, Jg. 34, Nr. 12, S. 1888–1890, 2009, ISSN: 0146-9592. DOI: 10.1364/ol.34.001888.

[111] C. Voigtländer, R. G. Becker, J. Thomas u. a., "Ultrashort pulse inscription of tailored fiber Bragg gratings with a phase mask and a deformed wavefront [Invited]," *Optical Materials Express*, Jg. 1, Nr. 4, S. 633, 2011. DOI: 10.1364/OME.1.000633.

[112] R. G. Krämer, F. Möller, C. Matzdorf u. a., "Extremely robust femtosecond written fiber Bragg gratings for an ytterbium-doped fiber oscillator with 5 kW output power," *Optics letters*, Jg. 45, Nr. 6, S. 1447–1450, 2020, ISSN: 0146-9592. DOI: 10.1364/OL.389427.

[113] polytec.com, *FBG-Sensoren*, 2020-05-03T11:20:38.000Z. Adresse: https://www.polytec.com/de/optische-systeme/produkte/faseroptische-messtechnik/faseroptische-dehnungsmesssysteme/189/%5C%5Cfbg-sensoren/.

[114] S. Hengesbach, *Spektrale Stabilisierung und inkohärente Überlagerung von Diodenlaserstrahlung mit Volumenbeugungsgittern: Zugl.: Aachen, Techn. Hochsch., Diss., 2014* (Berichte aus der Lasertechnik). Aachen: Shaker, 2014, ISBN: 978-3844029857.

[115] T. K. Gaylord und M. G. Moharam, "Planar dielectric grating diffraction theories," *Applied Physics B Photophysics and Laser Chemistry*, Jg. 28, Nr. 1, S. 1–14, 1982, ISSN: 0721-7269. DOI: 10.1007/BF00693885.

[116] H. Kogelnik, “Coupled Wave Theory for Thick Hologram Gratings,” *Bell System Technical Journal*, Jg. 48, Nr. 9, S. 2909–2947, 1969, ISSN: 00058580. DOI: 10.1002/j.1538-7305.1969.tb01198.x.

[117] M. Born und E. Wolf, *Principles of optics: Electromagnetic theory of propagation, interference and diffraction of light*, 6th ed. Oxford: Pergamon, 1980, ISBN: 9781139644181.

[118] A. Yariv, “Coupled-mode theory for guided-wave optics,” *IEEE Journal of Quantum Electronics*, Jg. 9, Nr. 9, S. 919–933, 1973, ISSN: 0018-9197. DOI: 10.1109/JQE.1973.1077767.

[119] D. H. Auston, W. Engl, T. Sugano, H. K. V. Lotsch und T. Tamir, Hrsg., *Guided-Wave Optoelectronics* (Springer Series in Electronics and Photonics). Berlin, Heidelberg: Springer Berlin Heidelberg, 1988, ISBN: 978-3-642-97076-4. DOI: 10.1007/978-3-642-97074-0.

[120] Changgui Lu und Yiping Cui, “Fiber Bragg Grating Spectra in Multimode Optical Fibers,” *Journal of Lightwave Technology*, Jg. 24, Nr. 1, S. 598, 2006.

[121] D. Schäfer, *Ursächliche Prozesse der Brechungsindexmodifikation bei der Femtosekunden-Laserstrukturierung von Wellenleitern in Dielektrika: @Aachen, Techn. Hochsch., Diss., 2012*, Aachen, 2012.

[122] Stuart, Feit, Herman, Rubenchik, Shore und Perry, “Nanosecond-to-femtosecond laser-induced breakdown in dielectrics,” *Physical review. B, Condensed matter*, Jg. 53, Nr. 4, S. 1749–1761, 1996, ISSN: 0163-1829. DOI: 10.1103/PhysRevB.53.1749.

[123] C. B. Schaffer, A. Brodeur und E. Mazur, “Laser-induced breakdown and damage in bulk transparent materials induced by tightly focused femtosecond laser pulses,” *Measurement Science and Technology*, Jg. 12, Nr. 11, S. 1784–1794, 2001, ISSN: 0957-0233. DOI: 10.1088/0957-0233/12/11/305.

[124] Mikhail N. Polyanskiy, *Refractive index of Fused silica (fused quartz) - Malitson.* Adresse: https://refractiveindex.info/?shelf=glass&book=fused_silica&page=Malitson.

[125] Heraeus Holding GmbH, *Eigenschaften von Quarzglas.* Adresse: https://www.heraeus.com/de/hca/fused_silica_quartz_knowledge_base_1/properties_1/properties_hca.html.

[126] C. B. Schaffer, A. O. Jamison und E. Mazur, “Morphology of femtosecond laser-induced structural changes in bulk transparent materials,” *Applied Physics Letters*, Jg. 84, Nr. 9, S. 1441–1443, 2004, ISSN: 0003-6951. DOI: 10.1063/1.1650876.

[127] H. Patrick und S. L. Gilbert, “Growth of Bragg gratings produced by continuous-wave ultraviolet light in optical fiber,” *Optics letters*, Jg. 18, Nr. 18, S. 1484, 1993, ISSN: 0146-9592. DOI: 10.1364/ol.18.001484.

[128] J. Canning, “Fibre gratings and devices for sensors and lasers,” *Laser & Photonics Reviews*, Jg. 2, Nr. 4, S. 275–289, 2008, ISSN: 18638880. DOI: 10.1002/lpor.200810010.

[129] K. Kalli, A. G. Simpson, K. Zhou, L. Zhang und I. Bennion, “Tailoring the temperature and strain coefficients of Type I and Type IA dual grating sensors—the impact of hydrogenation conditions,” *Measurement Science and Technology*, Jg. 17, Nr. 5, S. 949–954, 2006, ISSN: 0957-0233. DOI: 10.1088/0957-0233/17/5/S02. Adresse: https://iopscience.iop.org/article/10.1088/0957-0233/17/5/S02/meta.

[130] J.-L. Archambault, L. Reekie und P. J. Russell, “High reflectivity and narrow bandwidth fibre gratings written by single excimer pulse,” *Electronics Letters*, Jg. 29, Nr. 1, S. 28–29, 1993, ISSN: 00135194. DOI: 10.1049/el:19930018.

[131] S. J. Mihailov, D. Grobnic, C. W. Smelser, P. Lu, R. B. Walker und H. Ding, “Bragg grating inscription in various optical fibers with femtosecond infrared lasers and a phase mask,” *Optical Materials Express*, Jg. 1, Nr. 4, S. 754, 2011. DOI: 10.1364/OME.1.000754.

[132] T. Geernaert, K. Kalli, C. Koutsides u. a., “Point-by-point fiber Bragg grating inscription in free-standing step-index and photonic crystal fibers using near-IR femtosecond laser,” *Optics letters*, Jg. 35, Nr. 10, S. 1647–1649, 2010, ISSN: 0146-9592. DOI: 10.1364/OL.35.001647.

[133] G. D. Marshall, R. J. Williams, N. Jovanovic, M. J. Steel und M. J. Withford, “Point-by-point written fiber-Bragg gratings and their application in complex grating designs,” *Optics express*, Jg. 18, Nr. 19, S. 19 844–19 859, 2010. DOI: 10.1364/OE.18.019844.

[134] C. G. Askins, M. A. Putman, G. M. Williams und E. J. Friebele, “Stepped-wavelength optical-fiber Bragg grating arrays fabricated in line on a draw tower,” *Optics letters*, Jg. 19, Nr. 2, S. 147, 1994, ISSN: 0146-9592. DOI: 10.1364/ol.19.000147.

[135] J. D. Mills, C. W. Hillman, B. H. Blott und W. S. Brocklesby, “Imaging of free-space interference patterns used to manufacture fiber bragg gratings,” *Applied optics*, Jg. 39, Nr. 33, S. 6128–6135, 2000, ISSN: 1559-128X. DOI: 10.1364/ao.39.006128.

[136] “Laser Processing of Silicon Suboxide for the Fabrication of Multilevel Fused Silica Diffractive Phase Elements,” *Journal of Laser Micro/Nanoengineering*, 2018. DOI: 10.2961/jlmn.2018.03.0018.

[137] Ibsen Photonics, *+1/-1 order Phase Masks (FBG phase masks)*. Adresse: https://ibsen.com/products/phase-masks/1-1-order-phase-masks-fbg/.

[138] C. W. Smelser, D. Grobnic und S. J. Mihailov, “Generation of pure two-beam interference grating structures in an optical fiber with a femtosecond infrared source and a phase mask,” *Optics letters*, Jg. 29, Nr. 15, S. 1730–1732, 2004, ISSN: 0146-9592. DOI: 10.1364/ol.29.001730.

[139] Y. Li, M. Yang, D. N. Wang, J. Lu, T. Sun und K. T. V. Grattan, “Fiber Bragg gratings with enhanced thermal stability by residual stress relaxation,” *Optics express*, Jg. 17, Nr. 22, S. 19 785–19 790, 2009. DOI: 10.1364/OE.17.019785.

[140] A. Martinez, I. Y. Khrushchev und I. Bennion, “Thermal properties of fibre Bragg gratings inscribed point-by-point by infrared femtosecond laser,” *Electronics Letters*, Jg. 41, Nr. 4, S. 176, 2005, ISSN: 00135194. DOI: 10.1049/el:20057898.

[141] P. Dekker, M. Ams, G. D. Marshall, D. J. Little und M. J. Withford, “Annealing dynamics of waveguide Bragg gratings: evidence of femtosecond laser induced colour centres,” *Optics express*, Jg. 18, Nr. 4, S. 3274–3283, 2010. DOI: 10.1364/OE.18.003274.

[142] E. Fertein, C. Przygodzki, H. Delbarre, A. Hidayat, M. Douay und P. Niay, “Refractive-Index Changes of Standard Telecommunication Fiber through Exposure to Femtosecond Laser Pulses at 810 cm,” *Applied optics*, Jg. 40, Nr. 21, S. 3506–3508, 2001, ISSN: 1559-128X. DOI: 10.1364/AO.40.003506.

[143] Coherent, Inc., *Libra Series / Coherent.* Adresse: https://www.coherent.com/resources/datasheet/lasers/COHR_Libra_DS_0318_2.pdf.

[144] M. Raguse, S. Klein, P. Baer, M. Giesberts, M. Traub und H.-D. Hoffmann, “Investigations on high-reflective Fiber-Bragg-Gratings in multimode fibers,” *Optics Continuum*, Jg. 1, Nr. 5, S. 965, 2022. DOI: 10.1364/OPTCON.450150.

[145] D. Wortmann, M. Reininghaus, J. Finger, C. Dold, P. Russbueldt und R. Poprawe, “The physics in applications of ultrafast lasers,” in *Photonics, Devices, and Systems V*, P. Tománek, D. Senderáková und P. Páta, Hrsg., Ser. SPIE Proceedings, SPIE, 2011, S. 830 603. DOI: 10.1117/12.911309.

[146] L. Li, W. Nie, Z. Li u. a., “Femtosecond Laser Writing of Optical Waveguides by Self-Induced Multiple Refocusing in LiTaO 3 Crystal,” *Journal of Lightwave Technology*, Jg. 37, Nr. 14, S. 3452–3458, 2019, ISSN: 1558-2213. DOI: 10.1109/JLT.2019.2917076.

[147] B. Köhler, T. Brand, M. Haag und J. Biesenbach, “Wavelength stabilized high-power diode laser modules,” in *High-Power Diode Laser Technology and Applications VII*, M. S. Zediker, Hrsg., Ser. SPIE Proceedings, SPIE, 2009, S. 719 810. DOI: 10.1117/12.809541.

[148] B. Köhler, A. Unger, T. Kindervater u. a., “Wavelength stabilized multi-kW diode laser systems,” in *High-Power Diode Laser Technology and Applications XIII*, M. S. Zediker, Hrsg., Ser. SPIE Proceedings, SPIE, 2015, 93480Q. DOI: 10.1117/12.2079428.

[149] D. Bonsendorf, S. Schneider, J. Meinschien und J. W. Tomm, “Reliability of high power laser diodes with external optical feedback,” in *High-Power Diode Laser Technology and Applications XIV*, M. S. Zediker, Hrsg., Ser. SPIE Proceedings, SPIE, 2016, S. 973 302. DOI: 10.1117/12.2205296.

[150] P. O. Leisher, E. Feigenbaum, R. B. Swertfeger u. a., “Does collimation reduce the lifetime of broad area diode laser pumps? (Conference Presentation),” in *Components and Packaging for Laser Systems V*, A. L. Glebov und P. O. Leisher, Hrsg., SPIE, 2.02.2019 - 07.02.2019, S. 2, ISBN: 9781510624405. DOI: 10.1117/12.2513331.

[151] D. Bonsendorf, “Optical Feedback,” Bochum, Ruhr-Universität Bochum, Diss., 2016, Ruhr-Universität Bochum, Bochum, 2016.

[152] S. Rauch, *Lateral emission characteristics of high-power broad-area lasers subject to external optical feedback* (Innovationen mit Mikrowellen und Licht. Forschungsberichte aus dem Ferdinand-Braun-Institut, Leibniz-Institut für Höchstfrequenztechnik). CUVILLIER Verlag, 2020, Bd. v.55, ISBN: 978-3736971585.

[153] D. T. Cassidy und C. S. Adams, "Polarization of the output of InGaAsP semiconductor diode lasers," *IEEE Journal of Quantum Electronics*, Jg. 25, Nr. 6, S. 1156–1160, 1989, ISSN: 0018-9197. DOI: 10.1109/3.29241.

[154] Oclaro, *25W 9xxnm Uncooled Multimode Laser Diode Module: BMU25-9xx-01/02-R.* Adresse: https://www.laserdiodesource.com/files/pdfs/laserdiode-source_com/product-918/975nm_25W_fiber_coupled_module_Oclaro-1416353202.pdf.

[155] nLIGHT, Inc., *element e06.* Adresse: https://www.nlight.net/semi%5C%5Cconductor-lasers-products/element-e06-fiber-coupled-diode-laser-4.

[156] S. Klein, O. Fitzau, M. Giesberts u. a., "Investigation of fiber Bragg gratings for high-power, multi-mode, XLMA-based fiber lasers," in *Fiber Lasers XVI: Technology and Systems*, L. Dong und A. L. Carter, Hrsg., SPIE, 2.02.2019 - 07.02.2019, S. 38, ISBN: 9781510624368. DOI: 10.1117/12.2508385.

[157] D. B. Leviton und B. J. Frey, "Temperature-dependent absolute refractive index measurements of synthetic fused silica," in *Optomechanical Technologies for Astronomy*, E. Atad-Ettedgui, J. Antebi und D. Lemke, Hrsg., Ser. SPIE Proceedings, SPIE, 2006, 62732K. DOI: 10.1117/12.672853.

[158] R. Paschotta, *The fiber-optic modeling and design software RP Fiber Power: simulation and design of optical fiber modes, fiber amplifiers and lasers, mode solver, laser-active ions, fiber optics, EDFA*, 2021. Adresse: https://www.rp-photonics.com/fiberpower.html.

[159] P. Baer, S. Klein, M. Raguse, M. Giesberts, M. Reiter und D. Hoffmann, "Monolithic highly multi-mode XLMA-fiber resonator for high power operation," *Optics express*, Jg. 30, Nr. 19, S. 33 842, 2022. DOI: 10.1364/OE.464861.

[160] *2017 Conference on Lasers and Electro-Optics Europe & European Quantum Electronics Conference (CLEO/Europe-EQEC)*, IEEE, 25.06.2017 - 29.06.2017, ISBN: 978-1-5090-6736-7. DOI: 10.1109/CLEO/Europe-EQEC\\40871.2017.

Abbildungsverzeichnis

Tabellenverzeichnis

A. Anhang

A.1. Polarisationskontrastmikroskopie PKM

Mit dem Polarisationskontrastmikroskop (PKM) werden Verspannungen in transparenten, isotropen Materialien gemessen. Materialverspannungen verursachen eine Änderung der Polarisation von durch die Probe transmittiertem Licht und werden durch mechanische Krafteinwirkung oder durch Brechungsindexmodifikationen induziert. Zur Detektion der Verspannung wird linear polarisiertes Licht durch die Probe transmittiert und mit einem Polarisator wird die durch die Probe unveränderte Polarisation gefiltert. Durch diesen Polarisator werden nur Lichtanteile transmittiert und von einer Kamera detektiert, deren Polarisation durch eine Verspannung in der Probe gedreht werden (Abb. A.1). Eine Aussage über die Stärke der Verspannung oder den absoluten Brechungsindexhub kann nicht getroffen werden, da eine Drehung der Polarisation um bspw. $\pi/3$ und um $7\pi/3$ die gleiche Projektion relativ zum Polarisator 2 aufweisen und somit gleich große Anteile transmittiert werden.

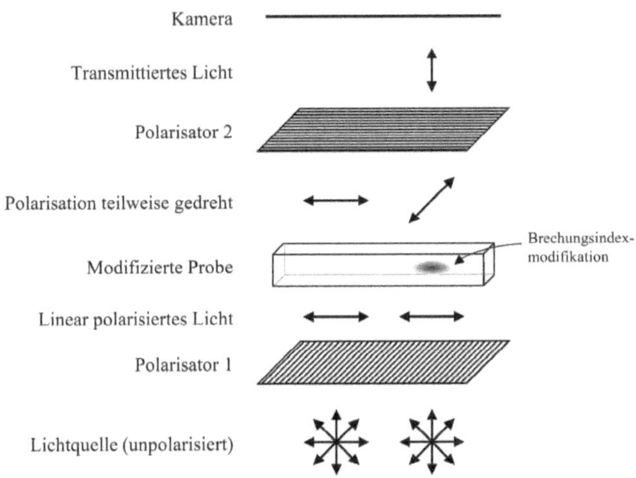

Abbildung A.1.: Schematische Darstellung der Funktionsweise von Polarisationskontrastmikroskopie zum Nachweis von Brechungsindexmodifikationen.

A.2. Reproduzierbarkeit der FBG-Reflektivität bei identischen Laserprozessparametern und Unsicherheit auf die Reflektivitätsbestimmung

Durch das wiederholte Schreiben von FBG mit den gleichen Laserparametern und der Auswertung der entstandenen Gittereigenschaften wurde die entstehende Standardabweichung der Kenndaten dokumentiert.
Die eingesetzten Prozessparameter zum Schreiben der FBG lauten:
Laserpulsenergie E=0,5 mJ, Laserpulsdauer τ=100 fs, transversaler Gitterdurchmesser
d=45 µm (Scanschrittweite Δx=5 µm), 60 000 Laserpulse pro Prozessschritt, Fokussierbrennweite f=20 mm.
Die Bragg-Wellenlänge der geschriebenen FBG liegt bei λ_{Bragg}=1073,95 nm ± 0,17 nm, die spektrale Halbwertsbreite (FWHM) beträgt $\Delta\lambda$=3,79 nm ± 0,47 nm. Die ermittelte maximale Reflektivität (bei der Bragg-Wellenlänge) beträgt
0,18±0,01.

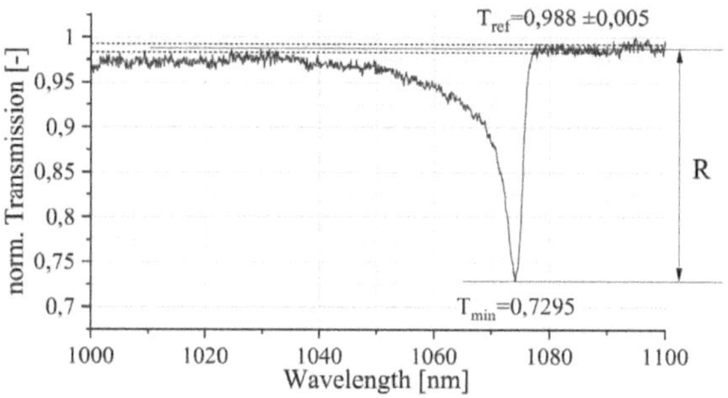

Abbildung A.2.: Spektrale Transmission eines FBG gemessen mit einem optischen Spektrumanalysator Yokogawa AQ6376.

Als maximale Reflektivität wird die Differenz der Transmission zwischen der Referenzlinie und der (absolut) minimalen Transmission definiert (Formel A.1, Abb. A.2). Die spektrale Tranmissionsmessung des FBG mit einem optischen Spektrumanalysator (Yokogawa AQ6376) ist geringfügig rauschbehaftet. Im gezeigten Beispiel ist die Referenzlinie mit der Standardabweichung $0,9876 \pm 0,0046$. Aus der Fehlerfortpflanzung folgt, dass die Standardabweichung auf die Reflektivitätsberechnung gleich der Standardabweichung auf die Referenzlinie ist ($\sigma_{\mathrm{T_{min}}} = 0$)(Formel A.2).

$$R = T_{\text{Ref}} - T_{\text{min}} \tag{A.1}$$

$$\sigma_{\mathrm{R}} = \sqrt{\left(\frac{\partial R}{\partial T_{\text{ref}}}\sigma_{\mathrm{T_{Ref}}}\right)^2 + \left(\frac{\partial R}{\partial T_{\text{min}}}\sigma_{\mathrm{T_{min}}}\right)^2} = \sigma_{\mathrm{T_{Ref}}} \tag{A.2}$$

A.3. Vergleich des linearen und rotationssymmetrischen FBG-Schreibverfahrens

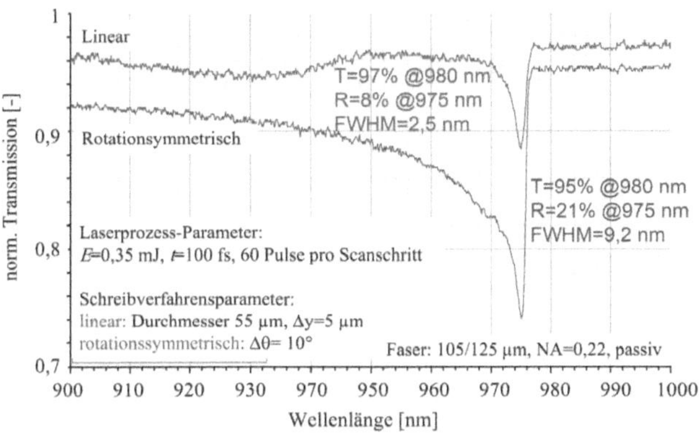

Abbildung A.3.: Vergleich der spektralen Transmission eines mittels linearen Schreibverfahren erzeugten FBG mit einem mittels rotationssymmetrischen Schreibverfahren erzeugten FBG.

A.4. Spektrale Intensität einer Laserdiode bei Frequenzstabilisierung für verschiedene Injektionsströme

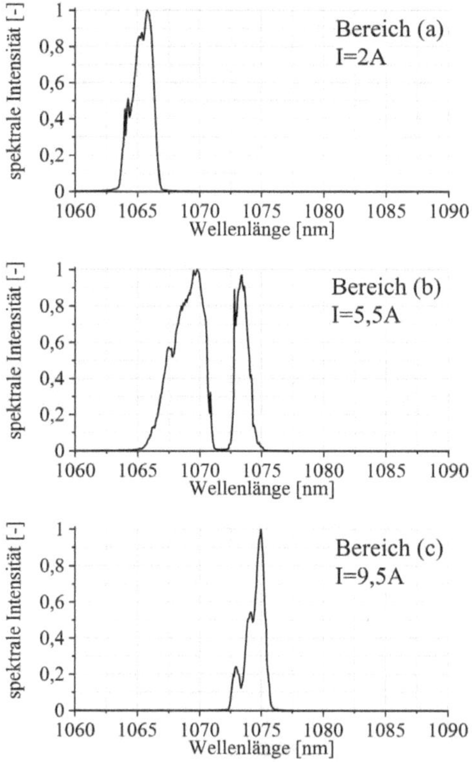

Abbildung A.4.: Normierte, spektrale Intensität des in Kap. 5.1.1 diskutierten Diodenlasers mit spektraler Rückkopplung durch ein R=0,08-FBG bei den Injektionsströmen 2 A, 5,5 A und 9,5 A (bei 25°C).

A.5. Effizienz einer Anti-Reflexbeschichtung für Polarisationsstrahlteiler abhängig von der spektralen Bandbreite der Strahlung

Insbesondere die Effizienz der Beschichtung von (Dünnschicht-)Polarisationstrahlteilern ist abhängig von der spektralen Bandbreite der Strahlung.
Der Bereich maximaler Effizienz (> 97%) der Teilerschicht ist etwa 10 nm breit (Abb. A.5). Bei den untersuchten Diodenlasern driftet die Zentralwellenlänge im freilaufenden Betrieb von etwa 970 nm auf etwa 977 nm für den Arbeitsbereich beim Injektionsstrom 7 A bis 10 A (Kap. 5.1, Abb. 5.13). Bei der spektralen Emissionsbreite (FWHM) von ≥2 nm bedeutet das, dass die gesamte vorliegende spektrale Emissionsbreite der Laserdiode in diesem Injektionsstrombereich von zirka 968 nm bis zirka 980 nm reicht und somit die Differenz der kürzesten zur längsten Wellenlänge größer als die 10 nm-Bandbreite ist, welche vom Polarisationsstrahlteiler mit > 97% Effizienz geteilt werden. Im frequenzstabilisierten Betrieb umfasst die gesamte spektrale Emissionsbandbreite etwa 973 nm bis 977 nm und ist damit insgesamt etwa 4 nm. Diese spektrale Bandbreite liegt innerhalb der 10 nm Bandbreite, die durch die Polarisationsstrahlteiler effizient getrennt werden. Beim Einsatz von Polarisationsstrahlteilern zur Faserlaserstrahlformung profitiert auch die Effizienz der Teilerschicht von der Wellenlängenstabilisierung, da die spektrale Bandbreite von freilaufenden Faserlasern ebenfalls in der Größenordnung von ≥10 nm liegt (Anh. A.6).

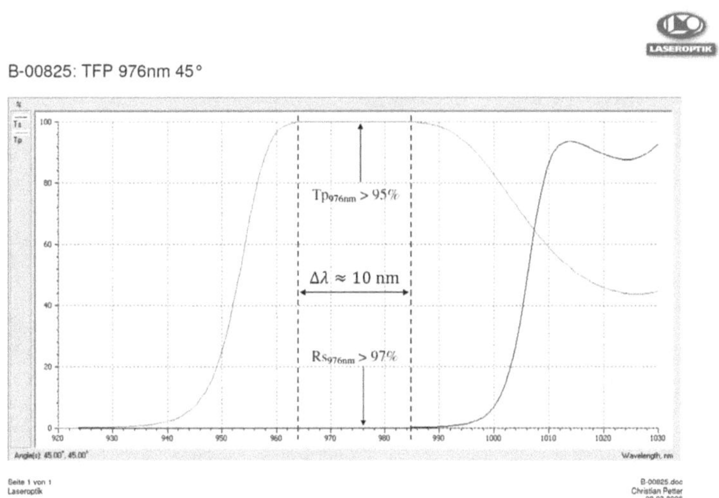

Abbildung A.5.: Transmissivität und Reflektivität der p-polarisierten Strahlung an einem 45°-Dünnschicht-Polarisationsstrahlteiler der Fa. Laseroptik.

A.6. Faserlaserresonator mit MM-FBG als Auskoppelspiegel im Faserkern

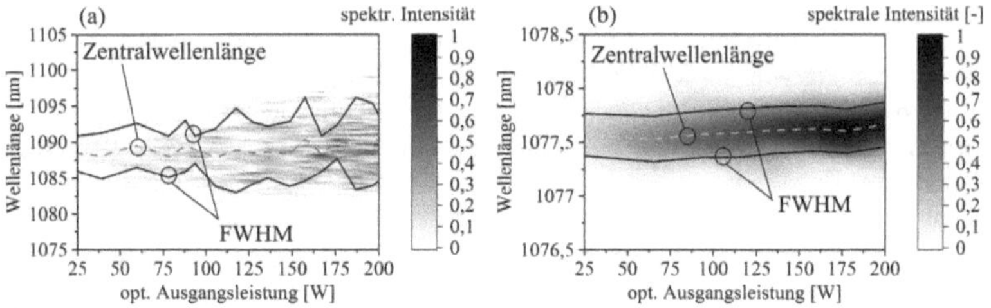

Abbildung A.6.: Spektrale Intensität abhängig von der optischen Ausgangsleistung (a) ohne und (b) mit MM-FBG in der aktiven Faser als geringreflektierender Auskoppelspiegel.

A.7. Vergleich der spektralen Halbwertsbreite eines Faserlaserresonators mit MM-FBG und dichroitischem Spiegel als Auskoppelelement

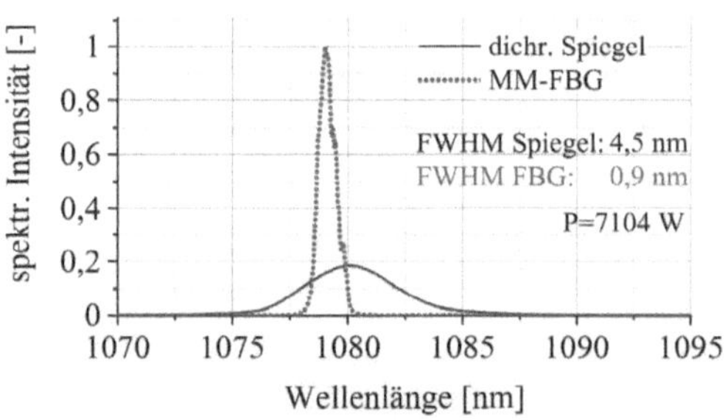

Abbildung A.7.: Spektrale Intensität eines Faserlaserresonators mit einem schmalbandig beschichteten, dichroitischen Spiegel im Vergleich mit einem FBG als Rückkoppelelement bei einer Ausgangsleistung von 7104 W.

Ähnlich wie bei Laserdioden erfahren bei Faserlaserresonatoren die zurückgekoppelten Leistungsanteile im Resonator zunehmende Verstärkung, wenn das Spektrum der zurückgekoppelten Leistungsanteile und das des Verstärkungsmaximum übereinstimmen (Kap. 5.1.1). Entsprechend wird die spektrale Halbwertsbreite der optischen Ausgangsleistung des Faserlasers reduziert, wenn ein (spektral schmalbandiges) FBG anstelle eines (typischerweise spektral breitbandigen) dichroitischen Spiegel eingesetzt wird (Abb. A.7).

A.8. Monolithischer Rechteckfaserlaser mit MM-FBG-Resonatorspiegeln

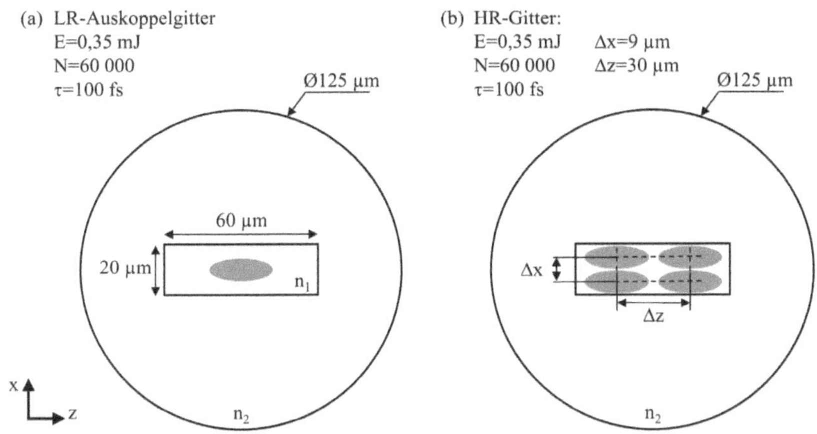

Abbildung A.8.: (a) Beispiel einer möglichen Schreibstrategie für ein gering-reflektierendes MM-FBG im Vergleich zu dem linearen Schreibverfahren (b) beim Schreibvorgang des hoch-reflektierenden MM-FBG. Nicht dargestellt in (b): der Schreibvorgang wird viermal in y-Richtung wiederholt.

Da beim FBG-Schreiben bei der Erzeugung von großen Reflektivitäten die modifizierte Querschnittsfläche des Kerns möglichst groß sein muss (Kap. 3), wurden eine lineare und eine rotationssymmetrische Scanstrategie entwickelt, die je nach Querschnittsform bei rechteckigen bzw. runden Faserkerngeometrien angewendet werden. Der hier beschriebene hochmodige Faserlaserresonator besteht aus einer Ytterbium-dotierten Faser mit einem rechteckigen Kernquerschnitt der Größe 20 µm x 60 µm und der NA=0,1. Die in diesem Abschnitt vorgestellten Ergebnisse wurden teilweise bereits in [159] veröffentlicht.
Aufgrund der vorliegenden Kerngeometrie wird die lineare Scanstratgie für die Erzeugung des FBG gewählt. Bei 0,35 mJ Pulsenergie und n=60 000 Bearbeitungspulsen beträgt der Querschnitt des modifizierten Bereichs etwa 25 µm x 9 µm (Kap. 4.2.2). Basierend darauf wird für das hoch-reflektierende MM-FBG eine Scanstrategie in x-,y- und z- Richtung angewendet: Entlang des transversalen Querschnitts wird in x- und z-Richtung mit jeweils einem Schritt gescannt (Δx=9 µm und Δz=30 µm), entlang der Propagationsrichtung der im Faserkern geführten Strahlung wird der Vorgang viermal wiederholt (Δy=4 mm) (Abb. A.9). Der gering-reflektierende Auskoppelspiegel des Resonators wird durch den Fresnel-Reflex an der Auskoppelseite gebildet. Die Bragg-Wellenlänge des FBG liegt bei 1072 nm und der Resonator wird mittels einer fasergekoppelten Laserdiode (920 nm) gepumpt. Die maximal verfügbare Signalleistung an der Auskoppelfacette beträgt 17,57 W bei 37,73 W absorbierter Pumpleistung. Durch die am HR-Gitter ausgekoppelte Leistung (2,43 W) wird die

Reflektivität des HR-Gitters auf etwa 70-80% geschätzt.

A.9. Vorversuch zum monolithisch aufgebauten, multimodigen Faserlaserresonator

Das HR-Gitter der Vorstudie bedeckt nur etwa 90% des Kernquerschnitts (Parameter ähnlich Abb. 5.24 mit d_x=50 µm).

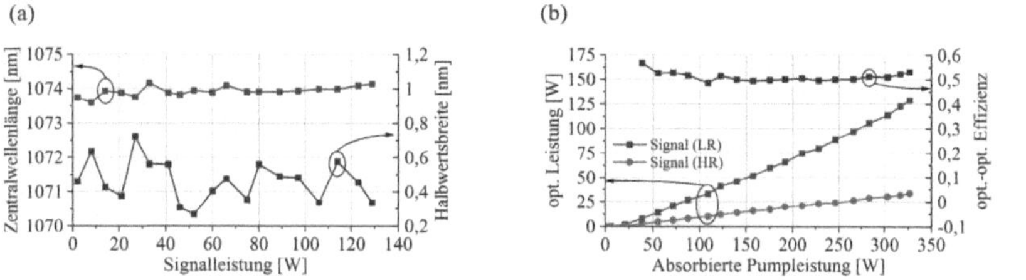

Abbildung A.9.: (a) Zentralwellenlänge und spektrale Halbwertsbreite und (b) Leistungskenndaten und optisch-optische Effizienz der gesamten Signalleistung bezogen auf die absorbierte Pumpleistung.

In der Reihe **Ergebnisse aus der Lasertechnik** zuletzt erschienen:

Klein, Sarah:

Faser-Bragg-Gitter für die Frequenzstabilisierung multimodiger Hochleistungslaserdioden und -faserlaser

ISBN: 978-3-98555-183-5

Erscheinungsdatum: 08.12.2023

Brucki, Matthias:

Extremes Hochgeschwindigkeits-Laserauftragschweißen – Prozesstechnologische Untersuchung der Oberflächenbeschaffenheit von Beschichtungen

ISBN: 978-3-98555-180-4

Erscheinungsdatum: 07.11.2023

Hollatz, Sören:

Funktionsorientiertes Laserstrahl-Mikroschweißen von Aluminium-Kupfer-Verbindungen mit örtlicher Leistungsmodulation

ISBN: 978-3-98555-178-1

Erscheinungsdatum: 03.11.2023

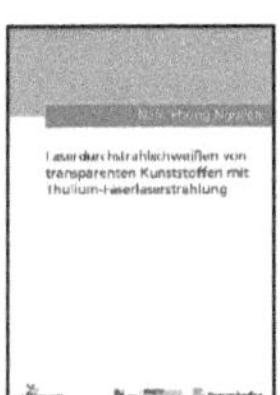

Nguyen, Nam-Phong:

Laserdurchstrahlschweißen von transparenten Kunststoffen mit Thulium-Faserlaserstrahlung

ISBN: 978-3-98555-172-9

Erscheinungsdatum: 18.09.2023

Haasler, Dennis:

Tiefbohren in Metallen mittels ultrakurzen Laserpulsen

ISBN: 978-3-98555-119-4

Erscheinungsdatum: 24.11.2022

Edition Wissenschaft
Apprimus

Rödler, Georg:

Entwicklung des selektiven Laserstrahlschmelzens für Al-Ni-Legierungen

ISBN: 978-3-98555-118-7

Erscheinungsdatum: 03.11.2022

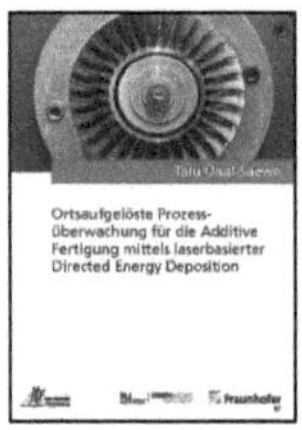

Ünal-Saewe, Talu:

Ortsaufgelöste Prozessüberwachung für die Additive Fertigung mittels laserbasierter Directed Energy Deposition

ISBN: 978-3-98555-113-2

Erscheinungsdatum: 10.10.2022

Helm, Johanna:

Prozessstabilität und Prozesseffizienz beim Laserstrahlfügen von hoch reflektiven Kupferwerkstoffen

ISBN: 978-3-98555-112-5

Erscheinungsdatum: 10.10.2022

Meineke, Georg:

Opto-kalorisches Schalten zur Sortierung fluoreszenzmarkierter Partikel in Mikrofluidiken

ISBN: 978-3-98555-109-5

Erscheinungsdatum: 10.10.2022

Pichler, Tobias:

Adaptives Laser Powder Bed Fusion der Titanlegierung TiAl6V4

ISBN: 978-3-98555-096-8

Erscheinungsdatum: 17.08.2022

Edition Wissenschaft Apprimus

FSC
www.fsc.org
MIX
Papier | Fördert gute Waldnutzung
FSC® C083411

Zeitfracht Medien GmbH
Ferdinand-Jühlke-Straße 7
99095 Erfurt, Deutschland
produktsicherheit@kolibri360.de